O TEMPO AO LONGO DO TEMPO

Catalogação na Fonte
Elaborado por: Josefina A. S. Guedes
Bibliotecária CRB 9/870

S237t
2023

Santos, Geraldo Mendes dos
O tempo ao longo do tempo / Geraldo Mendes dos Santos. - 1. ed. - Curitiba : Appris, 2023.
140 p. ; 23 cm. – (Ciências sociais).

Inclui referências.
ISBN 978-65-250-4142-1

1. Filosofia da Natureza. 2. Cronologia. 3. Cosmologia. I. Título. II. Série.

CDD – 113

Livro de acordo com a normalização técnica da ABNT

Appris editora

Editora e Livraria Appris Ltda.
Av. Manoel Ribas, 2265 – Mercês
Curitiba/PR – CEP: 80810-002
Tel. (41) 3156 - 4731
www.editoraappris.com.br

Printed in Brazil
Impresso no Brasil

Geraldo Mendes dos Santos

O TEMPO AO LONGO DO TEMPO

Ao Universo: tempo-espaço incomensurável; arcabouço de toda matéria; palco e jogo de forças sempre criativas; templo de deuses e homens; fonte imorredoura de vida, diversidade e beleza.

AGRADECIMENTOS

A Deus, pela minha existência, pelo privilégio de participar deste mundo; pelo tempo maravilhoso colocado à minha disposição.

À Ana Carolina Mendes, pela cuidadosa revisão. Além de agradecer, a isento de qualquer equívoco ou omissão, sendo isso de minha inteira responsabilidade.

Ao Moacyr E. Medri e Luiz Renato de França, por terem aceitado com alegria a tarefa de prefaciar esta obra e, assim, deixá-la mais rica e bela.

A todas as pessoas que me dedicaram parte de seus preciosos tempos, especialmente meus familiares, amigos, professores, alunos e colegas com os quais tenho compartilhado sentimentos, ideias e valores humanos.

À equipe da Editora Appris, pelo excelente apoio na organização e publicação da obra.

PREFÁCIO I

O que falar de Geraldo Mendes, naturalista, mestre e doutor em Biologia, cientista, filósofo, humanista e também escritor? Ligo-me a ele, como Kairós liga-se ao tempo, formando uma unidade marcada pela amizade sincera, pelo apreço ao conhecimento e pela alegria de viver.

O que falar de *O tempo ao longo do tempo?* Simplesmente, que este é o livro! É obra interessantíssima, dinâmica e reflexiva. É densa por um lado, mas leve, muito leve, por outro. Tem concretude, alma e beleza. É viagem profunda. Ela mostra que há tempo absoluto e tempo relativo; tempo para os crédulos e também para os agnósticos. Nela são reveladas, em ordem cronológica, as ideias de grandes pensadores sobre o assunto, incluindo Aristóteles, Gassendi, Descartes, Santo Agostinho, Guyau, Bergson e tantos outros. Trata-se de uma grandiosa e bela síntese do que já foi dito sobre este tema tão antigo, mas sempre atual e palpitante.

Ao longo do texto, o autor nos oferece elementos científicos, filosóficos e humanísticos de variados naipes, indicando que o tempo pode ser experimentado como elemento invisível, inaudível, intocável, mas também como elemento concreto que atinge a tudo e a todos.

Gostaria que Newton e Einstein estivessem juntos no mesmo laboratório a discutir seus experimentos e convicções. O primeiro a afirmar que o tempo é absoluto para todos e em todo lugar e o segundo a justificar que é relativo, dependente da posição do observador. Mas se também Wheeler estivesse junto, certamente viria em socorro a Newton, afirmando que o tempo é absoluto e, além disso, ordenador do mundo.

Nesses dias tão episódicos em que estamos mergulhados, refletir sobre o passado, o presente e o futuro é fazer uma imersão profunda sobre o tempo qualitativo, subjetivo e ajustável às nossas capacidades e aspirações. A presente obra oportuniza-nos a progressivos e enriquecedores mergulhos neste tema tanto antigo como atual. Só dessa forma é possível compreendê-lo holisticamente. Como aconteceu comigo, imagino que o leitor ficará com muitas certezas e também muitas dúvidas após ler este livro e é por isso mesmo que ele é instigante e inspirador. Assim, mergulhe fundo e tire suas próprias conclusões.

Boa leitura!

Moacyr Eurípedes Medri
Biólogo, Professor e Escritor.

PREFÁCIO II

É com enorme prazer que faço a apresentação da obra "O Tempo ao Longo do Tempo", de meu colega cientista, escritor e amigo Geraldo Mendes dos Santos. Nessa intrigante viagem e ensaio, o autor se debruça com esmero e debulha com o devido vagar as várias vertentes do tempo, de forma bastante ampla, desde os primórdios do universo e da civilização humana; sem, no entanto, deixar de contextualizar os nossos anseios e inquietações vida afora e alma adentro até os tempos atuais. Assim, partindo de vários grandes temas, como por exemplo concepções míticas, a filosofia e a ciência, o iluminado e transcendente tempo vai se formando e se esvaindo, ora apressado e inexorável, ora lento e renovado, mostrando que o ontem não se foi e que o amanhã é sempre agora nas veredas e atalhos do cosmos. Afinal, nós seres humanos viemos das poeiras estelares e trazemos conosco todas as idades e história do universo, onde o corpo, a alma e o pensamento são, ao mesmo tempo, tudo mais do mesmo, com diferentes roupagens e quânticas embalagens.

Como o autor mostra com pertinácia e perspicácia, talvez o tempo na forma na qual o conhecemos e conceituamos não exista e seja simplesmente uma confortável invenção do homem evolutivo. Independentemente desse aspecto, e partindo-se do pressuposto de que o ser humano não se define e sim se manifesta, devemos vivenciar a relatividade do tempo da melhor forma possível e com a devida e merecedora qualidade; pois, ao mesmo tempo em que a vida moderna nos traz alentos e confortos, ela ardilosamente torna o precioso tempo que temos em simples e imediato objeto de consumo.

Aproveito a oportunidade para fazer aqui também um pequeno ensaio dentro da rica obra do autor. Talvez o tempo tenha surgido para nos libertar do espaço-contido e assim o tempo é a liberdade, e porque não, o livre arbítrio que foi *en passant* abordado pelo autor. Num outro mais do que intrigante e ousado contexto, se o universo e a vida nele contida bailam em eterna busca do equilíbrio, seria Deus o Tempo ou a Natureza e, portanto, a nossa identidade e essência?

Finalmente, pode-se vislumbrar que as descobertas e a beleza do tempo não estão no simples existir e sim na percepção do olhar, onde a vida e a arte se entrecruzam e se sobrepõem e a natureza é a eterna reinvenção de si mesma. Portanto, nesse imenso e rico cabedal, se há tempo de plantar e tempo de colher, desejo a todos uma agradável e saborosa leitura! E que na trilogia do Tempo, do Espaço e da Luz se façam o Caminho, a Verdade e a Vida de cada um.

Luiz Renato de França
Pesquisador, Professor, Escritor.

APRESENTAÇÃO

A verdade é filha do tempo
(Galileu Galilei).

Não há nenhum entendimento consensual sobre o tempo. Apesar disso, ou talvez por isso mesmo, ele continua sendo um dos assuntos mais usuais, mesmo que a maioria das pessoas não reflita sobre seu real sentido, estando interessada apenas em contar horas, dias, meses, anos e suas derivações. Além disso, existe um número incalculável de publicações sobre esse assunto, sendo ele investigado em todos os ramos da Ciência e em todos os sistemas filosóficos, desde os pré-socráticos aos contemporâneos.

Ora! Sabendo do excesso de informações e, sobretudo, das dificuldades interpostas à compreensão do tempo, por que mais uma iniciativa nesse terreno, como esta que agora estou empreendendo? Talvez não devesse preocupar-me com isso, mas simplesmente tocar em frente a empreitada aventureira. No entanto, para deixar a situação bem clara para mim e compartilhar este sentimento com o leitor, advogo cinco razões básicas:

A primeira, esboçada anteriormente, é que precisamos ter coragem, determinação e resiliência para realizar aquilo que planejamos, desejamos ou julgamos importante, mesmo a despeito das dificuldades que se interpõem no caminho. O tempo sempre foi e continua sendo um assunto extremamente relevante; faz parte de nossa vivência e deve ser encarado sem subterfúgios. Refletir sobre ele é refletir sobre nós mesmos, o que já fizemos e o que pretendemos fazer. Mais ainda: refletir sobre o tempo é refletir sobre o modo como estamos vivendo e construindo os alicerces das futuras gerações.

A segunda razão, decorrente da primeira, tem sido a tentativa de me livrar de um tremendo desapontamento que tive, ao me graduar em dois cursos universitários, com fortes vinculações com os assuntos temporais (História Natural e Filosofia) e nunca ter me deparado com nenhuma disciplina e nenhuma aula sobre o tempo.

De igual modo, cursei a pós-graduação em Biologia, e também ali o tempo foi assunto totalmente postergado ou citado apenas como variável de equações matemáticas e estatísticas. Posteriormente, ao me aprofundar em estudos filosóficos, por conta própria, e atuar por muitos anos como professor de Epistemologia, senti-me no dever e também no prazer de abraçar este assunto.

A terceira razão, vinculada às duas primeiras, é que a Covid-19, caracterizada como pandemia pela Organização Mundial da Saúde (OMS) desde março de 2020, acabou trazendo transtornos de toda ordem à sociedade, principalmente por conta do isolamento social. Curiosamente, as pessoas passaram a ter uma nova referência temporal; parece ter ficado mais nítido o contraste entre os momentos de alegria e de dor; a duração do trabalho na empresa e na residência (*home office*) e até mesmo o contraste extremo e mais frequente entre a vida e a morte. Ou seja, em época de pandemia, o tempo tornou-se uma preciosidade, um tema muito especial e digno da mais profunda reflexão filosófica.

A quarta razão está associada à chegada da aposentadoria que comecei a experimentar ao final, mas ainda no clima da pandemia da Covid-19 e que serviu para um grande balanço do "tempo" que eu havia dedicado ao serviço público, na área de pesquisa e docência no Instituto Nacional de Pesquisas da Amazônia (Inpa). O tempo cronometrado que vinha vivendo, de repente, se tornou um tempo mais descompromissado, autônomo e aberto para novas iniciativas intelectuais. Então, nesse momento de intensas transformações e renovados propósitos, resolvi escolher um tema "de peso" para abordar; e, entre vários que me surgiram, optei pelo tempo, por considerá-lo o mais interessante, instigante e urgente, relativamente à minha jornada profissional e pessoal.

A quinta razão é o corolário das quatro primeiras e deve-se ao fato de que a melhor maneira de aprofundar reflexões e compartilhar conhecimentos é por meio da escrita. Como bem diz o famoso provérbio latino que aprendi nos primeiros anos de estudos no seminário católico, *verba volant, scripta manent*; ou seja, as palavras faladas voam e as escritas ficam. Isso significa que, apesar de todo o avanço tecnológico na comunicação oral, a escrita continua sendo o meio mais adequado para perenizar e compartilhar ideias.

Desde o início, estava convicto de que a obra era um grandioso desafio e que demandaria muita coragem, persistência, esforço intelectual e até físico, pois precisava fazer inúmeras leituras e voltar à cadeira e ao computador, com a mesma intensidade e frequência com que fazia no decorrer da minha carreira profissional. Tratava-se, portanto, de uma grande aventura, um grande mergulho no oceano do conhecimento.

A aventura é um risco calculado. O mergulho é uma metáfora e refere-se ao fato de que a humanidade já dispõe de um imenso acervo de trabalhos sobre o tempo, incluindo tratados, livros, revistas, artigos científicos, documentários, ensaios literários e vários outros, e que qualquer tentativa de adentrar nesse oceano de informações era uma iniciativa temerária.

Por outro lado, também me dei conta de que, apesar de todo o conhecimento disponível, o tempo continua sendo um grande enigma e tema de extrema atualidade. Assim, o mergulho poderia consistir numa aventura venturosa, caso o retorno à superfície pudesse ser acompanhado de transformações íntimas, de ampliação dos horizontes cognitivos, de novas visões de mundo. Ainda mais se tudo isso pudesse ser compartilhado com amigos leitores.

Tomei a iniciativa de escrever sobre o tempo sabendo, de antemão, tratar-se de um assunto extremamente difícil, complexo e para o qual eu, pessoalmente, não teria muito a acrescentar, em relação ao que já é sobejamente conhecido. Na verdade, a intenção não era mesmo acrescentar muita coisa, mas resumir e sistematizar parte do vasto conhecimento já disponível e que pudesse ser proveitoso para mim e outras pessoas interessadas no assunto.

Entendo que a melhor recompensa dessa iniciativa é poder ver uma ideia transformada em livro, perceber que o esforço valeu a pena, que pude deixar uma colaboração ao mundo do conhecimento. Reverencio os eminentes filósofos e cientistas, de diversas gerações, que deram o melhor de si para a compreensão do tempo e dos quais extraí praticamente todas as informações aqui contidas. Que estas possam servir de estímulo e retribuição aos que dispuserem de seu tempo para a leitura da presente obra.

SUMÁRIO

INTRODUÇÃO

Entre a raiz e a flor há o tempo
(Carlos Drummond)

O tempo. Ah! O tempo... que "coisa" é essa da qual tanto se fala; que parece tão simples e coloquial, mas que ninguém sabe definir, e até nos surpreende quando somos indagados a respeito? Afinal, que é o tempo? Mais precisamente: qual a sua natureza, singularidade ou essência?

A pergunta não somente surpreende, mas também desconserta. Santo Agostinho, um dos mais destacados doutores da Igreja Católica, considerado o último dos Antigos e o primeiro dos Modernos, deu provas disso ao sentenciar uma das frases mais citadas na Literatura: "Se ninguém me pergunta o que é o tempo, eu sei; se tento explicar a quem me pergunta, já não sei". Seguramente, esse tipo de reação ocorre com qualquer pessoa, pouco ou muito instruída, desde que colocada diante dessa questão realmente complexa e provocativa.

Para perceber o enigma do tempo, basta atentar para expressões comumente ditas, mas pouco refletidas, por exemplo: "O tempo está correndo"; "Estamos vivendo tempos duros" ou "O tempo é o senhor da razão". Ora! Se ele corre, por que faz isso e para onde vai? De que matéria ele é constituído? Como ele atua sobre nós? Apesar de serem indagações simples, quase simplórias, elas carregam um tremendo vigor filosófico e jamais foram respondidas a contento. Ao contrário: à medida que se tenta responder, novas questões surgem, num processo sem fim. Talvez por isso pouquíssimas pessoas se interessam em refletir sobre o tempo, apesar de ele continuar sendo um dos temas mais importantes e inquietantes em nossa vida reflexiva.

Como bem diz Martin Heidegger, eminente filósofo e professor alemão, "o tempo é o horizonte para qualquer possível entendimento do ser, o que quer que esse seja; todo senso humano de realidade e de cultura está inserido no senso de temporalidade". Por sua vez, Jankelévitch, filósofo russo, afirma que "o tempo é o objeto por excelência da Filosofia; algo consubstancial ao nosso pensamento, à nossa existência, a todos os nossos atos; a carne da nossa carne, a nossa essência invisível". Fazendo coro a esses defensores da importância do tempo, o filósofo francês e Nobel de Literatura Henri Bergson afirma que "o tempo é o problema capital da metafísica, embora os filósofos não tenham dado a ele o tratamento merecido".

Curiosamente, o tempo não costuma ser tratado por ciências que o têm como objeto central de estudo, mas como elemento secundário ou alternativo. Exemplo disso são a Física e a Paleontologia, que o apresentam como dimensão em que os fenômenos naturais ocorrem, e também a História, em que o tempo aparece apenas como pano de fundo para os acontecimentos humanos. Mesmo na Filosofia, com exceção da doutrina aristotélica, ele aparece mais como elemento metafísico do que parte constitutiva da realidade concreta.

Apesar de todas essas idiossincrasias epistemológicas, a ideia de tempo está fortemente impregnada na consciência e na linguagem humana, em todas as épocas e partes do mundo. Não é exagero dizer que não há meios mais apropriados de localizar-se no fluxo dos acontecimentos a não ser por advérbios e locuções adverbiais vinculadas ao senso temporal, tais como ontem, hoje, amanhã, antes, agora, depois, cedo, tarde, imediatamente, adiantado, atrasado, às vezes, de repente, nunca, sempre e tantas outras. Vivemos mergulhados na noção de temporalidade.

As questões relativas ao tempo remontam à origem da humanidade e foram sistematizadas num arcabouço epistemológico desde os primeiros filósofos gregos, há mais de 25 séculos. A partir daí, miríades de pensadores em todo o mundo vêm se dedicando ao tema com enorme denodo, o que tem gerado inúmeras ideias revolucionárias, além de um número incalculável de obras escritas e faladas a respeito do assunto.

A maioria das pessoas costuma se referir ao tempo como aquilo que é indicado por cronômetros e relógios. Outras se referem a ele como o ritmo do movimento da Terra ao redor de seu próprio eixo, formando dias e noites, combinado com o de translação ao redor do Sol, formando o ano e as estações. Outras se referem a ele como resultado dos estados mentais, havendo tempos mais ou menos longos, dependendo do grau de alegria ou sofrimento experimentados. Outras, ainda, acreditam que o tempo é uma quimera, pura abstração da mente humana. Cada uma delas, a seu modo, tem razão.

As primeiras questões relativas ao tempo começaram a ser postas em evidência pelos povos primitivos, por meio de símbolos desenhados em paredões rochosos e tetos de grutas. Esse tipo de escrita durou centenas de anos, até que as primeiras civilizações adquirissem novas ferramentas e conhecimentos suficientes para associar suas atividades sociais e agrícolas com a posição dos astros e com a invocação de influências de deuses em sua vida quotidiana.

Esse estágio de desenvolvimento intelectual ganhou força quando as reflexões difusas começaram a adquirir uma estrutura organizada e de caráter simbólico, ou seja, o mito, sendo este posteriormente assimilado ou transformado pela Filosofia e mais tarde pela Ciência. Assim, a presente obra desdobrar-se-á nessa sequência, começando pelas concepções míticas e em seguida pelas concepções dos pré-socráticos e, por fim, da Filosofia e da Ciência.

No âmbito da Filosofia e da Ciência e de acordo com o *Dicionário de filosofia* (verbete "tempo") do filósofo italiano Nicola Abbagnano, os grandes pensadores que se dedicaram ao estudo do tempo foram incluídos em três correntes filosóficas básicas, conforme o tempo seja considerado como entidade objetiva, entidade subjetiva ou mera estrutura de possibilidade. Assim, em cada uma dessas três correntes estão incluídos, em ordem cronológica, os nomes dos pensadores que as representam. Os nomes desses personagens são seguidos dos seus períodos de vida, formação profissional e principais ideias defendidas a respeito do tempo.

Esclareço que o rol desses pensadores inclui aqueles citados na obra supracitada de Abbagnano, mas também outros que considero indispensáveis, por terem aportado ideias genuínas sobre o tema. Por outro lado, foi preciso fazer um corte epistemológico, deixando de lado dezenas de outros pensadores que contribuíram de forma direta ou indireta para o entendimento do assunto.

Esclareço também que o corte epistemológico efetuado não levou em conta se tais autores defendem concepções mais materialistas que metafísicas ou vice-versa, mas tão somente seu grau de originalidade e relevância. Esclareço ainda que o enquadramento dos autores nas três categorias acima citadas se deve à maior aderência de suas teorias a uma ou outra destas categorias e não a uma autodeclaração ou imposição alheia. Além disso, o enquadramento não significa, em absoluto, aprisionamento de suas ideias em categorias artificiais e enrijecidas. Ele é feito, unicamente, para que as teorias dispersas possam ser apresentadas de maneira organizada e didática.

Após a exposição das três correntes de pensamento sobre o tempo e dos principais autores que as representam, a obra segue analisando os tipos de tempo comumente citados na literatura (cósmico, geológico, biológico, histórico, social e pessoal), bem como o papel da memória e da percepção humana. Por último, são feitas correlações entre os aspectos míticos, filosóficos e científicos; uma síntese interpretativa do tempo com base nas ideias apresentadas e considerações finais, com ênfase na importância do tempo-duração em nossas vidas.

O MITO E AS CONCEPÇÕES MÍTICAS SOBRE O TEMPO

O mito é o nada que é tudo
(Fernando Pessoa)

O mito é um conjunto grandiloquente de narrativas sobre a origem do universo, dos deuses, dos homens e dos demais seres. Ele é o imaginário coletivo, fundado em épocas imemoriais e que perpassa gerações. Essencialmente, ele tenta responder à questão básica sobre o que existia antes de existir alguma coisa e como essas coisas foram criadas. Isso significa que o mito não é uma criação individual nem de uma determinada comunidade, mas uma criação que antecede a tudo o que existe neste mundo.

O mito tem um caráter cosmogônico, pois narra a origem e a organização do cosmos, a partir de forças germinativas e nas quais imperava o senso das virtudes, como amor e bondade, em oposição ao senso do ódio e vingança, bem como o eterno embate entre forças humanas e sobrenaturais. De mesmo modo, o mito tem um caráter teogônico, pois nele é narrada a origem dos deuses e dos seres a eles relacionados.

O mito está centrado na oralidade, na tradição e na memória coletiva. Ele sempre esteve interessado em explicar como as coisas surgiram ou tinham sido num passado imemorial; ele explica as genealogias das coisas com base em forças sobrenaturais e personalizadas; ele trabalha com o fabuloso e por isso não tem nenhuma preocupação com as contradições aparentes.

Outra característica distintiva do mito é que ele é ilógico, do ponto de vista puramente racional, mas detém uma lógica própria. Além disso, é uma narrativa histórica, mas que não faz parte da história erudita nem mesmo escrita; ele narra uma história vinda do começo dos tempos e que já existiria antes que surgissem seus narradores. Além disso, como narrativa, o mito está sujeito à criatividade e a interpretações diversas, daí que ele também se reveste da leveza da linguagem poética, com toda sua carga emotiva.

Em termos clássicos, o mito é uma narrativa pública, pronunciada para ouvintes que a recebem como verdadeira, porque confiam naqueles que narram, bem como na veracidade dos fatos narrados. Trata-se, portanto, da revelação de autoridade de quem narra e de credulidade de quem escuta; uma autêntica e mútua confiabilidade e para a qual não comporta indagações.

No seu sentido mais profundo, o mito relata acontecimentos de um tempo fabuloso e que carrega uma aura de sacralidade, pois trabalha com o extraordinário, o que se dá fora da ordem comum das coisas e dos acontecimentos. Ou seja, o mito narra como uma realidade passou a existir, a partir do nada; como a ordem se estabeleceu a partir do caos.

O mito parte do princípio de que as coisas sempre foram como são e assim serão, já que o universo está ordenado e traz em si um destino definido, desde sua origem. Em qualquer situação, ele é um conjunto de metáforas fabulosas e persuasivas, um repositório cultural de sabedoria prática e, como tal, indispensável para guiar os atos quotidianos das pessoas e comunidades.

A narrativa mítica não somente responde, mas faz de sua resposta uma reflexão sobre o lugar e os limites de atuação dos seres, já que cada um deles ocupa determinadas posições e exerce funções específicas no universo. Daí que as narrativas míticas possuem uma elevada conotação pedagógica e cultural.

A função fundamental do mito é "fixar" os modelos exemplares para todas as atividades e todos os comportamentos humanos significativos, como o plantio, a colheita, a alimentação, a sexualidade, o trabalho, a educação, o modo de portar-se e tantos outros. Por exemplo, conforme relatado pelo escritor romeno Mircea Eliade, entre os antigos agricultores austro-asiáticos, a terra estava associada à mulher; as sementes, ao sêmen masculino; e o trabalho agrícola, à união conjugal. Ou seja, o mito mobiliza todo um conjunto simbólico que transfigura um simples trabalho agrícola numa vivência coletiva de símbolos altamente significativos e até religiosos.

O mito pode ser considerado como um gênero literário no qual a autoria é sempre inexistente, pois o conhecimento narrado é coletivo e faz parte de uma história que se perde nas brumas do tempo, mas sempre a serviço da preservação da verdade e da estabilidade das relações entre deuses e humanos.

O mito sempre ocorreu em todas as civilizações, mas foram os gregos antigos que lhe deram forma, consistência e fama. Nessa civilização, o mito era narrado por aedos e rapsodos, isto é, poetas inspirados e devidamente preparados para as narrativas e cuja autoridade vinha do fato de eles terem sido escolhidos dos deuses, terem testemunhado diretamente ou terem recebido a narrativa de quem testemunhou os acontecimentos por eles narrados. Tratava-se, portanto, de discurso baseado na revelação divina e, por isso, tinha um caráter inquestionável e sagrado. Tratava-se, também, de um modo especial de educação cívica e religiosa e especialmente de compartilhamento de valores. Não raro, as narrativas eram acompanhadas de coreografia e música, o que lhes conferia maior poder de empatia e persuasão.

O relato mítico difere completamente do relato histórico, pois enquanto este tem um caráter nominativo, busca uma relação exata de acontecimentos, aquele é uma prática coletiva e sem autoria individual ou de determinados grupos; também difere do relato literário, pois este é fundado na ficção, invenção individual, criatividade e talento de quem o escreve e se destina a um objetivo específico, ao passo que o mito é criação espontânea de uma determinada cultura.

Também, ao contrário do relato escrito ou literário, o mito só existe e se justifica pela sua oralidade, pois é esta que lhe dá tom, cadência, beleza e vivacidade. Uma vez passado para o texto escrito, parece que o mito perde seu viço e musicalidade, enrijece, fenece. O mito faz parte da vida quotidiana e dissemina-se ao longo das gerações, de maneira viva e não livresca. Os mitos restritos aos livros fazem parte da Mitologia, mas não da Tradição.

Como bem disse o antropólogo e historiador francês Jean-Pierre Vernant, sendo imobilizado pelo texto e, ainda mais, destinado a um público-alvo ou mesmo às prateleiras das bibliotecas, o mito acaba se tornando uma pálida referência erudita para uma elite de leitores especializados em Mitologia. De fato, o fundamento do mito é a oralidade, pois o texto escrito fica destituído da voz, do tom, do ritmo e do gesto, e isso o deixa muito limitado em relação ao texto falado. No entanto, foi graças à escrita que o conhecimento mítico chegou até nós e se dispersou por todo o mundo.

De qualquer forma, o mais importante é perceber no mito não apenas o relato em si, mas os tesouros que ele nos traz por meio de ideias, formas linguísticas, personagens lendárias, imaginações cosmológicas e preceitos morais que constituem a herança dos antigos deixada gratuitamente à modernidade de todos os tempos e cantos do mundo.

Na Mitologia grega, costumava-se adotar três calendários básicos: um vinculado a eventos cívicos; outro às festividades religiosas; e um terceiro às atividades agrícolas. O cívico era retilíneo e tinha por base o pragmatismo e as vicissitudes da política, dos negócios e demais atividades quotidianas; o religioso era circular e tinha por base a repetição das festividades que se davam a cada ano ou mês; o calendário agrícola tinha vinculação com o ciclo astronômico e no qual os pequenos ciclos de plantio e colheita deveriam corresponder. Esses calendários impregnados de afetividades tinham por meta a orientação humana, mas — e também por isso mesmo — eram dedicados aos deuses e aos titãs, sendo três deles fortemente relacionados ao tempo: Cronos (romanizado em Saturno), Kairós e Aion.

Segundo a lenda, Cronos era filho de Gaia, personificação da mãe-terra e de Urano, personificação do pai, céu estrelado. Esses genitores, por sua vez, eram filhos de Caos, deus primordial, personificação da matéria indefinida e desorganizada e na qual se encontravam as forças originais necessárias para formação do mundo e seus seres num momento oportuno. Caos era interpretado como potência tenebrosa, abismo escuro e sem fim e do qual surgem os primeiros deuses a governar o mundo.

Gaia é a entidade primordial, geralmente ilustrada como figura de uma mulher com um globo no colo e que representa nitidez, firmeza, estabilidade, limites, chão firme onde pode repousar. Ela é a primeira entidade cósmica a fornecer as estruturas básicas para o surgimento de outros seres e deuses, inclusive Urano, seu filho que veio mais tarde a desposá-la.

Segundo o mito, alguns resquícios de Caos ainda se encontram nas profundezas de Gaia, sendo representados pelas entidades denominadas Nix (noite escura); Pontos (ambientes líquidos e ondas do mar) e Tártaro (grotões escuros, viscosos e lúgubres). Para melhor entender a natureza de Cronos, é importante retomar a figura de Urano, depois incorporado ao mito romano com o nome de Netuno. Segundo o mito narrado por Hesíodo, Urano vivia atrelado à Gaia, cobrindo-a inteiramente como uma membrana de mesmo tamanho e aderido à sua superfície, com a função precípua de fecundação, sendo daí formados seus filhos denominados Titãs, Ciclopes e Hecatonquiros.

Como não havia espaço externo, essas entidades paridas por Gaia permaneciam retidas na escuridão úmida de seu ventre, sem nenhuma autonomia, e isso trazia desconfortos para ela e seus filhos. Assim, não suportando o peso de Urano e o processo continuado de geração e aprisionamento de seus filhos, Gaia passou a odiá-lo e montou um plano para puni-lo. Para isso, ela incitou seu filho mais jovem, o titã Cronos, a castrar seu pai no momento da cópula, e este executa o ato com uma lâmina de ferro, lançando os órgãos sexuais ao mar.

Diz a lenda que, do contato dos testículos de Urano com as espumas do mar, originou-se Afrodite, deusa do amor, e, das gotas do esperma e do sangue que caíram sobre a terra, surgiram as Erínias e as ninfas dos Freixos. Uma vez castrado, Urano desacopla-se e afasta-se de Gaia, formando o céu estrelado, e com isso dando surgimento ao espaço e ao tempo, permitindo que gerações sucessivas surgissem e atuassem no palco do mundo.

Tendo sido castrado e destronado, Urano amaldiçoa seu filho Cronos vaticinando-lhe um destino desastroso, semelhante ao que havia sofrido. Assim, após desposar sua irmã, a titânide Reia, e tentar evitar que a vingança paterna se cumprisse, Cronos passou a engolir seus filhos, à medida que iam nascendo. Dessa maneira, engoliu Hades, Hera, Hestia, Demeter, Poseidon, restando apenas Zeus, o mais jovem, graças à artimanha de Reia, que o enviou, por meio das ninfas, a um esconderijo numa gruta. Já crescido, Zeus destrona Cronos e assume o comando do Olimpo, estabelecendo a ordem e redistribuindo o poder entre seus irmãos e colaboradores.

Por devorar seus próprios filhos, costuma-se associar Cronos com "o tempo que tudo devora", sendo ele comumente representado na figura de um velho que porta uma enorme foice, indicando com isso a passagem dos deuses primordiais para os deuses do Olimpo. Ainda segundo o mito, ao castrar seu próprio pai, Cronos institui duas forças primordiais e complementares denominadas Eris e Eros; a primeira simboliza o combate, a disputa e a discórdia, enquanto a segunda simboliza a paz, a união e a concórdia.

Segundo vários intérpretes do mito grego, Cronos representa o tempo objetivo, empírico, mensurável, linear, sequencial, cronológico, inexpugnável e regente do destino do homem e de todos os seres. Trata-se de um tempo comum e típico dos homens, em oposição a um tempo especial dos deuses imortais. De maneira mais ampla, Cronos representa as características fundamentais do tempo que consome todos os seres e todas as coisas, fazendo o futuro tornar-se presente, e este, passado.

Outro ser mítico da Grécia antiga, vinculado ao tempo, é Kairós, um deus tido como filho mais jovem de Zeus e Tyche, a deusa da prosperidade. Em alguns relatos míticos, Kairós não aparece individualizado, mas como elemento vinculado ao amor de Eros, à alegria de Dionísio e à inteligência de Atenas.

Simbolicamente, Kairós está vinculado ao tempo qualitativo, subjetivo, pessoal e ajustável a oportunidades. Nesse sentido, ele representa um momento indeterminado, curto e passageiro, mas também — e talvez por isso mesmo — momento raro, oportuno e irrepetível. Assim, esse tempo carrega o vaticínio do perigo, mas também da ocasião certa e cheia de possibilidades. Nos tempos modernos, ele combinaria bem com os termos em inglês "timing" e "insight", ou com as expressões brasileiras "momento de sacada" e "pulo do gato".

Kairós é comumente representado na figura de um homem nu, ágil, com nuca calva e apenas uma mecha de cabelo que cai sobre sua testa. Isso é claramente uma analogia à instantaneidade do tempo propício; indica que ele só pode ser agarrado (pelos cabelos) quando está plenamente disponível para nós, pois, antes ou depois disso, ele não mais se encontra presente, não volta mais.

Também simbolicamente, Kairós é imensurável e destituído de contornos; está sempre disfarçado, é enigmático e sutil; quando chega, faz isso de maneira surpreendente; quando nos damos conta disso, ele parece já ter ido; fica-se com a decepção de não ter capturado sua mensagem e vivido a oportunidade por ela concedida. Ao contrário, também pode ficar a sensação benfazeja de ter aproveitado o momento propício por ele oferecido.

Kairós não é propriamente tempo físico, nem psicológico ou biológico, mas momento supremo e fugaz e que não pode ser aprisionado nem deve ser desperdiçado; ele simplesmente passa, oferece-se como momento de graça e oportunidade, mas não faz concessões gratuitas; é preciso saber percebê-lo e usá-lo com atenção redobrada, vivacidade, sabedoria.

Outra importante entidade mítica do mundo grego é Aion, deus vinculado à temporalidade ilimitada, um tempo imóvel, modelar e do qual se origina, pela ação do demiurgo criador, a temporalidade comum dos homens e das coisas. Nesse sentido, Aion significa tempo total, pleno e eterno. Liturgicamente, ele se refere ao tempo divinal, comumente citado na expressão latina *saeculum saeculorum* ou século dos séculos.

Para alguns estudiosos, o Aion não significa exatamente a eternidade, mas a duração de cada ser vivente. De qualquer modo, prevalece uma relação estreita entre tempo e duração de vida, já que esta pode ser curta, longa ou eterna, de acordo com a natureza das criaturas. De fato, Aion pode estar relacionado à vida de um humano, como também à vida de um deus imortal, ou seja, todos os seres e coisas existentes estão subordinados a ele; tempo e vida são praticamente a mesma coisa.

Ao afirmar que o Aion é "como uma criança que joga lançando os dados", talvez Heráclito intencionasse afirmar que esse personagem está relacionado à duração do tempo de vida dos seres. A grande questão é discernir se essa duração de vida está relacionada à vida de humanos e de outros seres passageiros ou se à vida de deuses, que por definição são imortais.

Homero, o idealizador do pensamento grego, havia assinalado na Ilíada que "os deuses estão sempre vivos"; no entanto, isso não significa que sua existência esteja fora do tempo; simplesmente, os deuses são imunes às influências temporais, já que são imortais. Ou seja, se, para os antigos mitos gregos, os deuses tinham duração de vida ilimitada no tempo, com o advento da filosofia platônica, assentada na noção de formas perfeitas e incorruptíveis, foi firmada a ideia de eternidade absoluta e imune ao tempo.

Nix tem uma forte relação com o tempo e merece algumas considerações a mais. Na maioria das versões modernas, ela é mostrada como figura de mulher seminua, com um véu negro e salpicado de estrelas sobre a cabeça, e acima dela alguns seres alados semelhantes a morcegos. Às vezes também aparece com uma coroa coberta de frutos de papoula, sendo essa planta associada a Hipnos, um de seus filhos e deus do sono.

Nix representa os enigmas da noite, mas também do agora, o instante súbito e imediato, o salto da transformação; a experiência de um momento extraordinário, como aquele entre o movimento e o repouso, entre a presença e a ausência, entre a vida e a morte. Todas essas adjetivações estão associadas ao termo grego *Exaíphnes*, citado dezenas de vezes na *Carta sétima*, na *República* e outras obras platônicas.

O panteão romano também dispõe de um deus mitológico, designado como Janus ou Jano, representado com duas faces opostas, uma voltada para a frente e outra para trás, e que simbolizam, respectivamente, o futuro e o passado; o começo e o término dos ciclos. Por extensão, também simboliza o dualismo entre vida e morte, as transformações, as mudanças no mundo. Janeiro, primeiro mês do ano, é uma alusão a seu nome.

As divindades do Olimpo foram destronadas, perderam sua supremacia e acabaram transformadas em simples relatos da Mitologia, da Literatura e da História. Suas linhagens genealógicas, seus poderes sobrenaturais e até mesmo sua imortalidade foram arrasados pela racionalidade científica que comanda o mundo na atualidade. No entanto, nem tudo foi perdido. Fortes traços de seu vigor educativo, ético e moral persistem no imaginário coletivo e nas práticas das comunidades tradicionais.

As forças míticas, vinculadas à beleza, paixão, justiça, heroísmo, coragem e tantas outras virtudes continuam a despertar curiosidade, a animar as pessoas e a inspirar a arte. Em certa medida, também a Religião, a Filosofia e as Ciências ainda são influenciadas pelo sopro benfazejo e inspirador de suas concepções acerca da origem do mundo e dos seres que nele habitam. A humanidade continua agraciada e devedora da enorme contribuição que o Mito deu e continua dando para seu desenvolvimento e a eterna busca do significado e destino do universo, da humanidade e cada um de nós.

CONCEPÇÕES FILOSÓFICAS E CIENTÍFICAS SOBRE O TEMPO

Nada é permanente, exceto a mudança
(Heráclito)

As primeiras concepções verdadeiramente racionais e com base em princípios científicos sobre o tempo começaram com os pré-socráticos, muitos deles ainda influenciados pelos mitos e, sobretudo, pela tradição órfica, centrada na figura de Dionísio, tratado muitas vezes como "a criança", já que ele era o deus da criatividade e da alegria. Também, quando os órficos se referiam ao tempo como divindade, eles o denominavam "tempo sem velhice", em referência a seu caráter imortal. No entanto, curiosamente, o interesse maior daqueles pensadores parece não estar propriamente no tempo, mas na eternidade (*aion*) ou no ilimitado (ápeiron), considerado como algo primordial e que antecede a tudo e dura para sempre.

Com exceções, as obras dos pré-socráticos chegaram até os dias atuais por meio de fragmentos, daí que há sérias lacunas e variadas interpretações de suas ideias originais. Isso é válido, sobretudo, com relação ao tempo, um assunto secundário nas abordagens daqueles personagens, mas que serviu de base para os filósofos clássicos, notadamente Aristóteles e Platão.

De maneira geral, as principais contribuições a esse tema devem-se a Anaximandro (610 a.C. – 46 a.C.), defensor da ideia de um movimento ininterrupto do universo; de um elemento eterno, indeterminado e primordial na formação de todas as coisas, denominado ápeiron; Heráclito de Éfeso (540 a.C. – 470 a.C.), defensor da teoria de que "tudo flui" e o pioneiro na concepção do devir; Parmênides de Eleia (530 a.C. – 460 a.C.), defensor da teoria do ser uno, eterno e imóvel; Empédocles (495 a.C. – 430 a.C.), defensor da teoria dos quatro elementos clássicos que formam todas as coisas: terra, água, ar e fogo.

Anaximandro, Heráclito e Empédocles consideram que todas as coisas do universo estão em movimento e são oriundas de um eterno jogo de forças antagônicas, representadas pela atração (amor) e repulsão (ódio), mantidas por um "fogo sempre vivo". Isso implica a ideia de que o mundo está em constante movimento, que o tempo é testemunho desse jogo ou mesmo o palco em que tudo se movimenta e se ordena.

Parmênides, ao contrário dos demais pensadores pré-socráticos, defende o ser ou essência do tempo como algo eterno, imóvel e imutável, pois se afirmar que algo "foi" ou "será" é o mesmo que deixar de ser aquilo que é invariavelmente o mesmo. Para ele, aceitar essas vicissitudes do "ser" tempo é negar sua essência, sua realidade ontogênica.

Outro pré-socrático que emitiu marcante conceito sobre o tempo foi Pitágoras de Samos (570 a.C. – 496 a.C., filósofo, matemático e místico). Para ele, o número constitui a essência de todas as coisas. Assim, por extensão, o tempo tem natureza numérica; ele é resultante do movimento ordenado da esfera celeste que abrange tudo e provoca a sucessão de dia e noite, das estações e do movimento das estrelas; são as relações matemáticas que conferem ordem, harmonia e beleza aos seres.

Parece haver um algo contraditório e até mesmo inconciliável entre as ideias desses ilustres pensadores da Grécia antiga, em que uns defendem a imutabilidade do ser como condição necessária para a manutenção da unidade e harmonia do universo, enquanto outros defendem o fluxo, o movimento incessante e desordenado. No entanto, não é bem assim. Essas contradições são apenas aparentes, levando-se em consideração que a ordem e harmonia do universo nascem e são mantidas justamente pelo jogo das forças que nele operam incessantemente. É mais coerente pensar que a unidade nasce das tensões entre as diversidades; que o jogo é sempre determinado por um equilíbrio dinâmico dessas forças; que as fronteiras do jogo abarcam todo o universo, e não apenas o espaço e as circunstâncias limitadas em que estamos habituados a ver e atuar.

Com o advento da Academias de Platão e em seguida a de Aristóteles, ainda na Grécia antiga, inaugurou-se um momento renovado e de estudos efetivos sobre a natureza. A herança intelectual desses primeiros e grandes pensadores foi absorvida por várias ciências modernas, em especial a Filosofia, a Cosmologia, a Geologia, a Cronologia, a Antropologia, a Psicologia e a Física, que conceberam o tempo de diversas maneiras, mas todas elas redutíveis a três aspectos básicos: tempo como entidade objetiva e ordem mensurável do movimento; tempo como entidade subjetiva e ordem do movimento intuído e tempo como estrutura de possibilidade. A seguir é apresentada uma lista dos seus principais defensores e um resumo de suas principais visões sobre o tempo.

Tempo como entidade objetiva e como ordem mensurável do movimento

O tempo diz o que a razão não consegue dizer
(Descartes)

Os defensores dessa corrente advogam o tempo como algo real, produto da natureza e no qual os eventos ocorrem; ele está vinculado ao movimento, existe objetivamente e pode ser determinado e quantificado. A seguir, os seus principais representantes:

PLATÃO (427 a.C. – 347 a.C., fundador da Academia de Atenas, primeira instituição do mundo ocidental a concentrar os estudos sobre a natureza e seus fenômenos). Foi o defensor do mais autêntico dualismo epistemológico, pois postula a existência de dois mundos distintos, mas correspondentes e paralelos: um superior formado por eidos, formas ou ideias perfeitas, fixas, imutáveis e eternas e o outro formado por suas sombras ou imitações imperfeitas e provisórias. Ou seja, as "coisas" do mundo superior servem de molde ou modelo para as "coisas" do mundo inferior. Além disso e também por causa disso, o mundo superior é inteligível, sempre igual a si mesmo, podendo ser contemplado e em certa medida compreendido pela razão, enquanto o mundo inferior ou sensível é passível de transformação, só pode ser acessado pela opinião.

Com base em sua doutrina, Platão considera a eternidade como presente eterno, vinculado ao mundo superior e perfeito, enquanto o tempo é tido como componente do mundo inferior, corruptível e efêmero. Por outro lado, ele considera a eternidade vinculada ao repouso absoluto e à imutabilidade, enquanto o tempo está vinculado aos corpos do mundo sensível e tocados pelo movimento e mudança constante.

Platão descarta totalmente a possibilidade de o tempo estar contido na eternidade, pois ambos são formados por elementos totalmente distintos e que se situam em planos separados. O tempo pertence ao mundo dos objetos enganosos e perecíveis, enquanto a eternidade pertence ao mundo da perfeição e do que dura para sempre.

Importante observar que Platão define o tempo como imagem móvel da eternidade, mediada pelo número. Ou seja, o tempo foi feito para ser o máximo possível semelhante ao modelo, que é perfeito e eterno. Fica implícito que essa dualidade (tempo – eternidade) se aplica também ao ser humano, considerado como algo formado por um corpo mortal, sintonizado com o mundo terreno e passageiro, e, por outro lado, uma alma imortal, sintonizada com o mundo celestial e eterno.

A definição platônica de temporalidade parece precisa e até poética, mas contém algumas ideias de difícil entendimento, sendo uma delas a precedência da eternidade em relação ao tempo. Ora! Afirmar que a eternidade é anterior ao tempo é inseri-la numa escala temporal, o que não faz sentido. Também parece estranho considerar a eternidade como algo fora da temporalidade, pois se ela não está vinculada ao tempo, a que outra coisa ela se vincula?

Outra questão na definição platônica é quanto à consideração do homem como ser vinculado ao tempo, por meio do corpo, e vinculado à eternidade, por meio da alma. Nesse caso, o homem seria um ser totalmente distinto dos demais animais que são seus parentes, herdeiros de um mesmo patrimônio genético, como bem atestado pelas ciências naturais, em especial pela Evolução.

Independentemente dessas colocações, é oportuno ressaltar que o pensamento platônico perpassou séculos sem nenhuma contestação, serviu de base para todos os filósofos posteriores a ele e influenciou todas as doutrinas religiosas cristãs, adeptas da eternidade como prêmio ou destinação da alma humana.

ARISTÓTELES (384 a.C. – 322 a.C., fundador do Liceu de Atenas, professor de Alexandre, o Grande, e estudioso de praticamente todos os assuntos do mundo físico e humano). Suas ideias sobre o tempo aproximam-se das de Platão, seu mestre, mas contêm alguns traços de originalidade. Para Aristóteles, o tempo é algo relativo ao movimento do mundo material ou sensível e que pode ser percebido, medido, contado e numerado. Ele o define como "o número do movimento, conforme o antes e o depois ou conforme o anterior e o posterior".

De acordo com a concepção de Aristóteles, tempo e movimento estão estreitamente ligados, inseparáveis. Assim, da mesma maneira que se mede o movimento pelo tempo, mede-se o tempo pelo movimento, incluindo nisso também o repouso, uma forma especial de movimento. Isso significa que tudo que se movimenta é passível de mudança, tudo muda em função do tempo. Tempo e mudança são essências universais.

Aristóteles faz inúmeras outras considerações complementares a essa definição, sendo uma delas a de que o tempo tem existência própria, não é produzido pela alma, mas depende dela para se manifestar. Ou seja, o tempo é invariável e uniforme, mas os movimentos variam, são multiformes; os seres e as coisas sofrem mudanças, se desgastam, ficam velhas e morrem.

Aristóteles forneceu as bases para a dualidade de tempo como entidade objetiva e subjetiva com a seguinte declaração: "quando a alma declara que há dois instantes, o anterior e o posterior, então dizemos que aí há o tempo". Aqui estão todos os elementos necessários para a adesão a uma ou outra daquelas duas correntes, dependendo apenas se o peso ou centralidade recai sobre o movimento ou sobre a alma que percebe. Assim, se o foco recai sobre a alma, então o tempo deve ser tratado pela subjetividade; se a centralidade da alma é retirada, então o tempo lhe é exterior, passando a ter uma conotação objetiva.

Essa dualidade recai também na noção de movimento e de mudança. Os termos parecem sinônimos, ter exatamente o mesmo significado, mas nesse caso não; eles significam situações e aspectos distintos, embora sejam interdependentes. No caso em tela, a mudança é o conceito-chave da perspectiva subjetiva, pois nela a alma muda qualitativamente; os pensamentos passam por um processo irreversível; o que foi pensado nunca mais deixará de sê-lo. Por outro lado, o movimento é o conceito-chave da perspectiva objetivista, pois ele é um elemento reversível e muda quantitativamente.

Em níveis intermediários e puramente materiais, a definição aristotélica comporta ao menos quatro fatores ou instâncias do movimento: localidade, por exemplo, o movimento de rotação, translação ou deslocamento de um lugar para outro, e isso pode incluir astros e elétrons; quantidade, por exemplo, alteração de tamanho e grandeza, podendo incluir o crescimento dos seres vivos e o incremento dos minerais; qualidade, por exemplo, mudança na aparência, estrutura e colorido, podendo incluir toda a variação de forma e consistência dos objetos, bem como todas as tonalidades de cores; essência ou movimento relativo à geração e à morte dos entes orgânicos e inorgânicos.

Para Aristóteles, o tempo é destituído de qualquer materialidade ou possibilidade de apreensão; é algo que flui, tendo como fonte primária um Motor Imóvel situado na periferia eônica, a que se poderia denominar como Deus ou Criador. Também advoga a ideia de que o movimento varia, podendo ser lento, acelerado ou uniforme, mas o tempo é invariável e contínuo.

Observando atentamente os enunciados do pensamento aristotélico, fica clara a dificuldade em entender o significado do "número do movimento". Afinal, estaria o número nele mesmo ou seria advindo de algo externo? Se sim, que algo seria esse? Por outro lado, ao se admitir que o tempo é um número do movimento, segundo o anterior e o posterior, deve-se admitir implicitamente que o tempo é uma medida de movimento que se desenvolve no próprio tempo. Ou seja, fica implícito que o tempo é a medida do próprio tempo, algo que não se sustenta perante os fundamentos da Lógica, uma disciplina universal e da qual Aristóteles foi o criador e o mais notável mestre.

Também é preciso atentar para a afirmação aristotélica de que só há tempo quando existe uma alma capaz de percebê-lo; ou seja, há uma influência intrínseca e necessária entre a mudança de estado e a mente que a percebe. Segundo ele, o tempo seria a medida ou quantificação que uma alma faz das mudanças sofridas por um corpo, no entanto surge a dúvida diante daqueles casos em que a aludida alma seja incapaz de perceber as mudanças. Isso leva a crer que a falta de percepção não implica a paralisação do movimento ou da mudança. Ou seja, mesmo em aparente repouso, todas as coisas estão se movimentando e mudando, ao menos em suas estruturas mais recônditas.

TOMÁS DE AQUINO (1225 – 1274, teólogo, um dos maiores doutores da Igreja Católica). Baseia-se nas ideias de Aristóteles e associa o tempo ao movimento, afirmando que o antes e o depois são a razão da sucessão temporal. Como religioso, admite que o tempo surgiu junto ao universo, sendo ambos criados por Deus. O tempo não existe separado das coisas, mas acopla-se a elas, formando uma só unidade natural. Defende a existência de três tipos de tempo: a eternidade (atemporal, prerrogativa única de Deus); o tempo dos anjos e dos corpos celestes (todos tendo início, mas não fim); e o tempo dos corpos e fenômenos terrestres (todos com começo e fim determinados).

GALILEU GALILEI (1564 – 1642, matemático e astrônomo italiano, fundador da ciência moderna). Afirma ser o tempo uma grandeza contínua, constituída por uma infinidade de instantes infinitamente pequenos e indivisíveis. A isso corresponde a famosa frase "o divisível é composto pelos indivisíveis". Estabeleceu a lei da queda dos corpos, segundo a qual os incrementos de velocidade de um corpo em queda, próximo à superfície da Terra, são diretamente proporcionais ao tempo transcorrido. Para ele, o tempo é a quantidade mensurável do movimento.

Como grande inventor e matemático, Galileu formulou uma descrição matemática dos movimentos dos corpos e realizou as primeiras demonstrações "experimentais" que vieram confirmar o heliocentrismo, defendido por Copérnico, Kepler e outros, e também abriu espaço para o deslanchar das ciências modernas e desvendamento dos segredos do mundo, por um prisma objetivamente materialista e matemático.

PIERRE GASSENDI (1592 – 1655, filósofo, teólogo, matemático e astrônomo francês). Defende o atomismo de base epicurista e o mecanicismo; considera o espaço como algo incorpóreo, vazio e sem quantidade; no entanto, esse algo é um elemento real, que transcende e envolve o universo, do qual também faz parte e todas as coisas e seres nele existentes. Trata-se de uma realidade distinta das demais existentes no universo, pois ele se constitui na condição para que as demais coisas e seres existam.

Para ele, o tempo é ilimitado, eterno, anterior à criação do universo e sempre flui na mesma cadência, independentemente do movimento e se é ou não pensado por uma mente. Isso significa que, se a Terra se movesse duas vezes mais rápido ao redor de si mesma ou do Sol, o fluir do tempo não seria alterado, ele continuaria fluindo do mesmo modo, como sempre fluiu. Qualquer momento particular do tempo é sempre igual a um outro momento e também é o mesmo em todos os lugares.

RENÉ DESCARTES (1596 – 1650, físico, filósofo e matemático francês). Definia o tempo como o número do movimento, sendo criado e mantido por uma força divina e que é transferida para o ser humano, sua criatura. Ele concebia dois tipos de tempos: um que representa a duração das coisas reais existentes no mundo; outro como número ou medida ideal que existe em nosso espírito e independente das coisas; ou seja, para ele, há clara distinção entre o tempo e sua medida.

Ao conceber o tempo como algo de absoluta dependência do pensamento, Descartes também poderia ser enquadrado na corrente de pensadores que consideram o tempo como algo psicológico ou intuído, no entanto é aqui mantido pelo elevado peso que ele confere ao tempo como algo naturalmente mensurável, ou melhor, a própria medida da duração.

ISAAC NEWTON (1643 – 1727, matemático, físico e astrônomo inglês). Considerava o espaço e o tempo como entidades que têm existência própria, independentemente dos objetos, dos fenômenos e da matéria. Para ele, o tempo é abstrato, mas absoluto, verdadeiro, matemático, imutável, independente de qualquer tipo de movimento e de observador, abarcando todo o universo e tudo o que existe nele.

Segundo Newton, o tempo é uma entidade certa, segura e previsível, e todos os observadores, em todas as partes, compartilham um mesmo "agora", sendo esse o verdadeiramente "real", já que o passado já deixou de existir e o futuro ainda não existe. Assim, tendo realidade própria, o tempo é exterior à consciência e não implica movimento ou repouso de nenhum objeto; ou seja, quer as coisas se movam, quer estejam paradas, o tempo segue seu curso próprio, seu fluxo permanente e uniforme, de maneira autônoma, incólume e independente das coisas externas a ele ou mesmo nele mergulhadas. O tempo não possui nenhuma relação com as coisas sensíveis nem com o movimento; ele existe por sua própria natureza.

Ele associava o tempo absoluto como atributo divino da eternidade. Assim, admitindo-se que o tempo é absoluto e independente das coisas do mundo, deve-se concluir que ele é tão eterno como Deus e, como consequência, não foi por Este criado, o que se torna uma questão desafiadora para as doutrinas criacionistas e que consideram Deus como força criadora de tudo que existe no universo, incluindo, claro, o tempo.

A centralidade do pensamento newtoniano sobre espaço e tempo está na hipótese de que os corpos materiais se movem pelo espaço por meio de trajetórias previsíveis, sujeitos a forças que os aceleram e de acordo com leis matemáticas rigorosas. Tais ideias foram tão bem-sucedidas que muitos estudiosos supuseram que isso pudesse ser aplicado a todo processo físico no universo, e dessa crença emergiu a imagem do cosmo como um gigantesco mecanismo de relógio, previsível em cada detalhe. Ela simbolizava a própria racionalidade do cosmo e acabou conferindo à humanidade a imagem de Deus como o Grande Relojoeiro. É curioso notar que a noção de tempo onipresente e com fluir uniforme é o que mais se ajusta à compreensão das pessoas comuns e ainda serve de base teórica para muitos pesquisadores em diferentes áreas do conhecimento.

IMMANUEL KANT (1724 – 1804, filósofo prussiano). Apresenta uma ideia revolucionária, porque concilia os pressupostos do racionalismo com o empirismo, mostrando que o conhecimento que possuímos vem tanto da razão como da experiência.

À primeira vista, a concepção kantiana sobre o tema parece direcioná-lo para o grupo de pensadores subjetivistas, isto é, aqueles que defendem o tempo como uma entidade puramente subjetiva e sem realidade própria, no entanto, defende a existência de um tempo real e objetivo, apenas com a diferença de que este existe como elemento estruturante da razão, e não como entidade física, externa e autônoma, como defendido por Newton e seus seguidores.

Kant considera o tempo como aliado do espaço, ambos constituintes de "formas a priori da sensibilidade" e das quais deriva a possibilidade de nosso raciocínio e entendimento. Formas a priori são intuições puras, isto é, independentes de todo e qualquer dado empírico ou experiência prévia ao conhecimento. Isso significa que espaço e tempo são as ferramentas mentais indispensáveis para a apreensão de toda a realidade que nos cerca e que existe em nossos pensamentos; são as bases estruturantes de todas as representações, de todo o entendimento e do próprio funcionamento da razão humana.

O espaço é a forma do sentido externo e que nos permite distinguir as coisas e os lugares que elas ocupam, tendo como pontos de referência o que se encontra abaixo, acima, ao lado, atrás, na frente, fora, dentro, etc. O tempo, por sua vez, está vinculado tanto ao sentido externo como ao sentido interno ou íntimo.

Para Kant, a forma temporal é predominante em relação à forma espacial. Ou seja, enquanto o espaço é uma forma relativamente restrita, o tempo é a forma geral de todos os fenômenos experimentados pelo espírito humano. Isso significa que, sem a noção de tempo, não haveria condições de conhecimento para nada que estivesse fora ou mesmo dentro do espírito. Sem ele, seria impossível conceber as noções de duração, sucessão ou simultaneidade. Sem ele, haveria um caos uníssono em nosso espírito.

Para ele, o tempo não é algo objetivo, isto é, não é uma substância, nem um acidente, nem um fenômeno em si, mas uma condição mental necessária para que tais fenômenos físicos e sensoriais possam se realizar. Ou seja, o tempo é algo interiorizado, mas sem o controle do sujeito; o tempo faz parte da estrutura mental e não pode ser modificado pela vontade da pessoa.

Por outro lado — demonstrando a objetividade do tempo —, Kant afirma que tal característica é típica dos seres humanos, e por isso é de se supor que ela se aplique a todos eles da mesma forma; ou seja, nesse caso, o tempo seria imutável e independente do aprendizado das pessoas e da formação das diferentes culturas.

Com base nesses postulados, ele afirma que o conhecimento começa com a experiência, ao ativar nossos sentidos, e daí coloca em ação a razão, responsável maior e final pelo ato de conhecer. No entanto, para que isso aconteça, é necessário que a mente esteja dotada primeiramente dessa estrutura espaciotemporal, pois é ela que confere e permite o ato de conhecer. Em outras palavras: o fundamento do conhecimento está na própria razão, com suas estruturas transcendentais; é no sujeito, portanto, que se encontram, a priori, as "formas puras" do conhecimento, as quais permitem a representação dos objetos em nossa mente.

Kant define as formas de tempo e espaço como algo absolutamente abstrato e a-histórico, mas intrinsecamente vinculado à natureza humana e, por isso, válido para todas as épocas, culturas e formas sociais. Portanto, eles são propriedades do espírito, existindo independentemente de nossa experiência.

Em resumo, o tempo não existe em si mesmo, mas em nós, pois é originalmente inerente ao sujeito. No entanto, nós não temos condições de conhecer o tempo, em si (o ser-tempo), mas apenas sua manifestação, seus fenômenos. Assim, o que observamos fora e também dentro de nós está necessariamente na dependência da estruturação do espaço e do tempo que existe em nossa consciência; como decorrência disso, fica claro que cada um de nós tem sua própria estruturação, daí que o conhecimento é algo pessoal, opera de maneira distinta em cada pessoa.

As concepções kantianas exerceram e continuam exercendo uma tremenda importância no processo educacional, político e humanista, pois colocam o ser humano numa posição muito elevada no contexto universal, sendo ele o principal agente do desenvolvimento cognitivo, psicológico e moral e tendo por base a constituição de sua própria razão, a gerenciadora de seus pensamentos, imaginações e atitudes.

ALBERT EINSTEIN (1879 – 1955, físico alemão, criador da teoria da relatividade e da equivalência entre massa e energia). Adiciona uma dimensão de tempo às dimensões espaciais, tendo como resultado uma entidade tridimensional, denominada espaço-tempo, com aspecto deformável, pois curva-se na presença de corpos, especialmente os de grande massa, como a Terra, os planetas e as galáxias.

Nesse conjunto unificado, não mais fazem sentido os aspectos puramente espaciais e puramente temporais; trata-se de uma unidade coesa e indissociável, verdadeira cadeia ameboide a conduzir tudo e a todos pelo universo. Cada observador terá sua porção particular nessa trama, mas o fluxo é abrangente e universal.

Segundo ele, é essa estrutura espaciotemporal que cria os campos de gravidade, diante dos quais os corpos tendem a cair pela atração das massas. Essa visão einsteiniana nos mostra que o espaço não é um recipiente plano, rígido e inerte, mas um campo eletromagnético. Ou seja, segundo esse modelo, se as coisas caem, é por causa da desaceleração do tempo. No espaço interplanetário, onde o fluxo do tempo é uniforme, os corpos com massa não caem; simplesmente flutuam.

Einstein foi revolucionário ao promover uma síntese da concepção newtoniana de tempo absoluto e independente com a concepção aristotélica de tempo relativo e dependente do sujeito. Ele sintetiza essas duas concepções propondo que o tempo newtoniano é real, existe de fato, mas não é absoluto, e sim relativo, tem as mesmas substâncias das coisas do mundo e é dependente do observador.

Para Einstein, o espaço-tempo é um campo gravitacional (que existe de fato, mesmo na ausência de matéria), de natureza elástica, maleável, podendo ser estendido, puxado, empurrado e dobrar-se sobre si mesmo e sempre interagindo com os demais campos, como o eletromagnético, relacionado à luz e aos seus fenômenos. Segundo ele, o campo gravitacional pode ser ondulado, formado por ondas gravitacionais, mas também plano, como uma superfície reta, sendo esse o caso descrito pelas equações newtonianas.

A relatividade de Einstein propõe a dilatação do tempo, ou seja, este não é o mesmo em todos os lugares. Para Einstein, todo corpo é capaz de desacelerar o tempo nas suas proximidades. Assim, por exemplo, o tempo é mais desacelerado nas proximidades da Terra do que nas grandes alturas do firmamento. Essa desaceleração se dá com os relógios e todos os processos vitais. Daí a famosa frase de Einstein: "a distinção entre passado, presente e futuro não passa de uma ilusão, ainda que obstinada".

Einstein também descobriu que, além de o tempo ser desacelerado pela proximidade do centro das grandes massas, ele também o é pelo aumento da velocidade. Tomando como exemplo uma pessoa que esteja no cume de uma montanha e outra que esteja no seu sopé, o tempo passa mais devagar para esta última. De igual modo, entre uma pessoa que esteja parada na Terra e outra que se desloca numa nave em altíssima velocidade, o tempo passa mais lentamente para esta e mais depressa para aquela.

Esse fato escancara uma interessante questão: qual a marca verdadeira do tempo? Ora! Se os dois relógios supracitados marcam tempos diferentes, é lógico supor que há uma defasagem entre ambos e que o relógio permanecido ao sopé da montanha desacelerou (ou que o relógio do cume acelerou). Afinal, qual dos dois relógios marca o tempo certo? O interessante é que essa pergunta não procede; ambos os relógios estão certos. Não existe um valor verdadeiro; a verdade está na relação de um com o outro; um mais acelerado por estar no pico da montanha; outro, mais desacelerado, por estar mais próximo ao centro da Terra. Nada mais que isso. Isso significa que não há apenas um tempo, mas infinidade de tempos, cada um para cada ponto do espaço e para cada observador que nele se encontra.

No nosso quotidiano, essas variações de possibilidades não são perceptíveis, no entanto elas têm grande importância quando se referem a distâncias astronômicas, pois nelas o conceito de simultaneidade torna-se relativo, e não absoluto, como era considerado na mecânica newtoniana.

A teoria einsteiniana tem forte implicação no cotidiano, porque ordinariamente nós achamos que o nosso aqui-agora seja igual para todos, em todas as partes do mundo, mas não é bem assim. Cada ponto do mundo tem o seu aqui-agora diferenciado, exclusivo, único. Nesse contexto, competiria uma pergunta perturbadora: se existem múltiplos agoras, também não poderiam existir realidades múltiplas? E, se isso for verdade, de que maneira se constituiria a tão decantada ordem do universo, se este se encontra em constante movimento, quer de expansão, quer de contração?

JOHN ARCHIBALD WHEELER (1911 – 2008, físico americano, colaborador de Einstein, participante do Projeto Manhattan, que produziu a primeira bomba atômica e criador do termo "buraco negro" para designar a formação de um campo gravitacional capaz de absorver tudo em torno de si). Defende a ideia de que o tempo é real e absoluto; o meio que a natureza encontrou para que todas as coisas não se dessem ao mesmo instante; tempo é o elemento ordenador do universo.

ILYA PRIGOGINE (1917 – 2003, físico-químico russo, naturalizado belga, ganhador do Prêmio Nobel de Química em 1977). Defende a existência do tempo absoluto, sendo também o meio no qual os eventos ocorrem; o tempo é a matéria-prima criadora da realidade, fonte inesgotável do novo.

Para Prigogine, o tempo é eterno e possui uma direção única, no sentido do passado para o futuro. Isso é fundamental para todos os sistemas físicos, especialmente para os processos vitais. Ele chega a criticar a Física clássica e as ciências de modo geral por não terem percebido a real importância do tempo na construção da vida e do mundo.

Para ele, as equações matemáticas adotadas pelos físicos clássicos, como Newton, só são aplicadas a uma pequena porção do universo e somente ao mundo material. Todo o sistema de vida escapa a essas equações. Ele defende a ideia de um tempo uno, um fluxo absoluto de continuidade e temporalidade, uma autêntica flecha unidirecional a varrer o universo nele e por ele criado.

Prigogine afirma que a natureza contém processos irreversíveis e processos reversíveis, sendo os primeiros a regra; e os segundos, a exceção. Ou seja, é graças aos processos irreversíveis, associados à flecha do tempo, que a natureza realiza suas estruturas mais delicadas e mais complexas.

Para ele, a irreversibilidade promovida pela Segunda Lei da Termodinâmica (a da Entropia), associada à teoria darwinista da evolução biológica, e a imprevisibilidade das partículas subatômicas são provas claras da constante novidade no mundo e também do próprio tempo. Num certo sentido, ele está afirmando que o tempo (a seta do tempo) é o responsável pela irreversibilidade dos fenômenos, no entanto não há nenhuma explicação ou justificativa sobre a maneira ou modo como isso ocorre.

Ele defende a ideia de um tempo eterno e que precede a existência do mundo, sendo esta resultante do movimento da matéria, do devir contínuo. É o movimento incessante da matéria que ocasiona as alterações estruturais e o surgimento das novidades evolutivas. O tempo não depende do ser humano, nem mesmo do mundo para existir, ele existe por si mesmo. No entanto o homem é o único ser capaz de compreender sua existência.

Ele afirma que toda vida humana é pautada pela irreversibilidade e por escolhas que levam a determinadas situações, e estas poderiam ser outras, se as opções iniciais fossem distintas das que foram adotadas. Isso significa que o caráter irreversível do tempo está intrinsecamente relacionado ao conceito de historicidade.

STEPHEN WILLIAM HAWKING (1942 – 2018, físico teórico, cosmólogo, escritor britânico; um dos primeiros cientistas a estabelecer uma teoria da cosmologia com base na união da teoria geral da relatividade com mecânica quântica). Adota a teoria da relatividade geral de Einstein e com base nela também rejeita a ideia de que haja um tempo único e absoluto. Em vez disso, cada observador teria sua própria medida de tempo, conforme o relógio que ele carregasse: relógios portados por observadores diferentes não necessariamente coincidiriam. Também, como Einstein, considera o tempo vinculado ao espaço, formando o espaço-tempo, sendo ambos oriundos do *Big Bang*, responsável pela eclosão e constante expansão do universo.

Para ele, as leis da ciência não fazem distinção entre as direções para a frente e para trás do tempo. Contudo, há pelo menos três setas do tempo que distinguem o passado do futuro. Uma delas é a seta termodinâmica, a direção do tempo em que a desordem aumenta (entropia). A outra é a seta psicológica, a direção do tempo em que nos lembramos do passado, e não do futuro. A terceira é a seta cosmológica, a direção do tempo em que o universo se expande, em vez de contrair. A seta psicológica é essencialmente a mesma que a seta termodinâmica, de modo que as duas sempre apontariam na mesma direção. Além disso, ele considera que a seta do tempo é fundamental para distinguir o passado do futuro, estabelecendo uma direção universal. Ainda segundo ele, o tempo nasce e morre com o mundo.

Tempo como entidade subjetiva e como ordem do movimento intuído

Alice pergunta ao coelho: quanto tempo dura o eterno?
E esse responde: – às vezes apenas um segundo
(Lewis Carroll)

Essa concepção parte do pressuposto de que o tempo é um dado *a priori* da consciência, desenvolvido no decorrer da formação psicológica do ser humano e compartilhado pela cultura. Ou seja, o tempo ocorre em nível mental, na consciência da pessoa, e não no espaço exterior a ela. Trata-se de uma visão vitalista e social, em que a temporalidade se constrói com a construção da pessoa. Isso significa que o tempo está na consciência do sujeito observador, e não no objeto que ele observa. Nesse caso, o tempo só existe porque existem os humanos. Os principais defensores dessa concepção são os seguintes:

ZENÃO DE CÍTIO (333 a.C. – 263 a.C., filósofo e fundador do Estoicismo, doutrina filosófica que considera o universo perfeitamente ordenado e regulado por forças naturais, racionais e eternas, o *logos*, sem nenhuma interferência de deuses e sob o qual fica condicionada a liberdade humana). Para ele e outros estoicos, o tempo faz parte do mundo sensível, no entanto, ao contrário das demais coisas existentes, ele é incorporal, destituído de matéria. Não se trata de um ser perfeito contido nos eidos ou ideias eternas da doutrina platônica, mas de um quase-ser, a exemplo do lugar que acolhe um objeto ou do vazio que dá forma ao conteúdo nele existente. O vazio depende daquilo que o circunda. Ou seja, espaço puro ou vazio carecem de existência própria; é o corpo contido que lhe confere contornos e limites.

Isso significa que é o objeto contido no vazio que lhe confere existência real e que o atualiza, deixando assim de ser apenas uma possibilidade ou potência. O incorporal não existe por si nem em si mesmo, mas somente com base na relação com os corpos materiais. Ou seja, ele não tem realidade própria, só ganha existência quando incorporado aos objetos do mundo.

Assim, por ser um elemento incorporal, mas pertencente ao mundo material e infinito, o tempo é também infinito. Não tendo limites, tanto a matéria como o tempo podem ser divididos ao infinito. O universo e todos os corpos que nele se encontram vivem um eterno presente cósmico. Nesse sentido, o presente é a única, autêntica e vasta dimensão do tempo, sendo o passado e o futuro dimensões nele incorporadas.

EPICURO (341 a.C. – 271 a.C., filósofo, fundador da doutrina que leva seu nome). Defende o materialismo proposto pela escola atomista e que propunha a ideia de que tudo que existe - inclusive a alma e os deuses - é constituído por átomos que se combinam ao acaso. Ele considera que o cosmo é infinito e não é obra de nenhuma providência divina, mas do caos inicial e do jogo cego de arranjos e desarranjos atômicos, sendo os átomos os elementos primordiais, indivisíveis e eternos.

Os epicuristas acreditavam que a natureza (*Physis*) é constituída tão somente de átomos que se encontram em eterno movimento num vazio infinito e cujas combinações especiais dão origem a tudo que existe, sendo que tudo tende ao desaparecimento para dar oportunidades a outras combinações, a novos seres.

Para os epicuristas, o tempo não existe, sendo apenas uma abstração da mente humana, uma qualidade pensante, um acidente ou efeito ilusório provocado pelos acontecimentos; nesse caso, não haveria passado nem futuro, mas apenas percepções geradas e geradoras de lembranças, como as de prazer e dor. O discurso da razão sobre o tempo é apoiado pela experiência sensível, a qual é capaz de resgatar o passado, por meio da lembrança, e urdir o futuro por meio da imaginação. Nesse caso, a temporalidade seria algo subjetivo e relacionado à duração e à intensidade que tais impressões acarretam na alma.

Estando fortemente associado ao acaso, o tempo é algo relativo, parecendo que em alguns momentos voa rápido demais, sobretudo quando são agradáveis, e noutros dura uma eternidade, sobretudo nos infortúnios.

Para os epicuristas, existe a imortalidade, mas esta é um atributo dos deuses que vivem num plano totalmente distinto do plano humano, não tendo nenhuma interferência no mundo deste.

PLOTINO (205 – 270, fundador do neoplatonismo e considerado o último dos grandes filósofos da Antiguidade). Contesta a visão aristotélica de que tempo é um número e afirma que isso confunde o que é medido com o que mede. Para ele, a existência do tempo independe de mensuração; assim, se o tempo é o número do movimento, torna-se indispensável medir a grandeza do movimento no espaço percorrido; fica a impressão de que o tempo esteja medindo o espaço, e isso é um contrassenso.

Plotino foi precursor e influenciador do pensamento de Santo Agostinho acerca da existência de três tempos, todos com a marca do presente, pois o passado se converte em memória e o futuro em imaginação. Tudo tem sua duração, mesmo que esta não possa ser medida, e a origem de tudo está na vida da grande Mente do mundo, que é o Deus Criador.

De acordo com suas concepções, a estrutura do *aion*, como entidade eterna, não possui nenhuma relação de dependência com o tempo, mas, ao contrário, é o tempo que possui uma dependência dele. Sendo dependente da eternidade, o tempo foi criado. Ele surge pelo movimento. Ou seja, o tempo já repousava no ser, como potência, e que se torna ato ou presença mediante tal movimento.

Defendendo a ideia de que todos os seres do mundo são vinculados ao ser total, Plotino advoga que o tempo se move na alma dos mortais e tem uma tendência natural a retornar ao tempo-modelo em que o ser tem eterna morada. É esse também o fundamento de "salvação" implícita nas religiões que adotam o céu como bem-aventurança ao destino do homem.

Plotino afirma que o tempo é imaterial e que só existe onde há vida e mudança; ou seja, o tempo não é constituído de matéria, sendo essa uma estrutura que lhe dá suporte; o tempo escoa-se por um mundo sempre inacabado e numa incessante transformação das coisas sensíveis, imperfeitas e sempre em processo de reconstrução.

Plotino era teólogo e, como tal, incorporou a figura de Deus na explicação do tempo e sua atuação no mundo. Para ele, o tempo é consequência da marcha inacabada do espírito que anima o mundo astronômico, animal e humano; curiosamente, considerava o mundo astronômico possuidor de vida.

SANTO AGOSTINHO (354 – 430, um dos mais importantes filósofos e teólogos nos primeiros séculos do cristianismo). Deixou uma ontológica frase sobre o tempo, citada em todos os trabalhos que tratam desse assunto: "*Se ninguém me pergunta, eu sei; porém, se tento explicar a quem me pergunta, então* não *sei*".

Essa sua frase é complementada pela análise que ele faz das distintas formas de tempo, nos seguintes termos:

> [...] "Posso dizer com segurança que não existiria um tempo passado se nada passasse; não existiria um tempo futuro, se nada devesse vir; não haveria o tempo presente se nada existisse. De que modo existem esses dois tempos – passado e futuro – uma vez que o passado não mais existe e o futuro ainda não existe? E quanto ao presente: – se permanecesse sempre presente e não se tornasse passado, não seria mais tempo, mas eternidade. Portanto, se o presente, para ser tempo, deve tornar-se passado, como poderemos dizer que existe, uma vez que a sua razão de ser é a mesma pela qual deixará de existir? Daí, não podermos falar verdadeiramente da existência do tempo, senão enquanto tende a não existir (Santo Agostinho, Confissões).

Agostinho propõe que o mundo foi criado do nada por Deus e que o tempo surgiu nesse momento de criação. É a eternidade, com sua presença absoluta e não sujeita a sucessão ou mudança, que dá sustentação e referência à temporalidade do mundo, sujeita a medição e mudança. Ou seja, Deus cria o mundo e o tempo, e não o mundo no tempo ou o tempo no mundo.

A análise agostiniana sobre o tempo é muito interessante, pois, se o passado já não mais existe; se o futuro ainda não chegou; e se o presente é tão instantâneo, fica difícil sustentar a existência do tempo. Assim sendo, o passado e o futuro seriam dois "nadas" interpostos a um presente tão fugaz que também beira às raias do mesmo "nada".

Como o tempo também parece ser alguma "coisa", e não um absurdo "nada"; e como o presente é mais plausível que o passado e o futuro (pois ele dura certo instante na atualidade), Agostinho contorna a situação afirmando que existem simultaneamente três tempos na mente: passado (memória ou lembrança presente das coisas passadas), presente (visão presente das coisas presentificadas) e futuro (esperança nas coisas que hão de vir).

Ele confere um ar de mistério ao tempo e defende a ideia de que ele seja linear, e não cíclico; para ele, "é apenas através da sólida doutrina de um curso retilíneo que podemos escapar de não sei quantos falsos ciclos descobertos por sábios falsos e enganosos".

Para Santo Agostinho, a medida do tempo corresponde exatamente às atividades da alma, e não à sua contagem numérica nem ao movimento dos astros, mesmo que estes sejam as referências do movimento universal e, por isso, considerados como a "alma do mundo".

Embora atribua uma atuação preponderante ao presente, Agostinho coloca à frente a ideia de mudança, ou seja, de tempo como eterno devir. Assim, o presente não é eterno. Se o presente permanecesse sempre como tal, ele jamais se tornaria passado, não seria mais tempo, mas eternidade. Daí não podermos falar da verdadeira existência do tempo, mas da sua contínua passagem.

Agostinho concebe o tempo como algo associado à alma humana, e não ao movimento dos corpos; ou seja, há uma associação entre o tempo e o indivíduo, e não entre o tempo e o mundo externo a ele.

O pensamento agostiniano sobre as questões do tempo também nos remete às questões relativas à memória, pois é nela que ficam registrados os fatos experimentados pela alma humana, ou melhor, as marcas que eles ali deixaram impressas. Nesse caso, a alma seria a verdadeira sintetizadora e operadora que une, num só tecido, a sucessão e influência dos acontecimentos.

BARUCH DE ESPINOSA (1632 – 1677, filósofo judeu radicado na Holanda). Considera o tempo como um modo de pensar particularmente adaptado à realidade, pois ele limita-se a exibir o que está contido na coisa mesma; ele é um bom auxiliar do intelecto.

Para compreender melhor o pensamento desse autor sobre o tempo, é preciso mencionar alguns postulados básicos de sua doutrina, dos quais destaco quatro. O primeiro afirma que Deus é a causa primeira, substância única e infinita do universo. Essa ideia difere totalmente da cartesiana, para a qual haveria dois tipos de substância, uma física ou material e outra racional ou pensante. Assim, para Espinosa, o homem não é uma substância pensante, mas um modo ou efeito de Deus, a verdadeira criatura pensante, ser todo-poderoso, pura potência. Isso significa que o pensamento do homem deriva do próprio pensamento divino, ambos formando uma estrutura única.

O segundo postulado afirma que existe apenas um ser divino, eterno, causa de si mesmo, ontologicamente necessário e do qual derivam todos os outros seres, sendo estes considerados seus efeitos, modos ou expressões. Isso significa que existe apenas uma única e eterna substância da qual derivam infinitas criaturas e infinitos atributos. Tudo que existe está em Deus e vice-versa. Trata-se, essencialmente, de um verdadeiro panteísmo, em que Deus é o todo absoluto e infinito.

O terceiro postulado afirma que matéria e energia são a mesma coisa, variando apenas em grau de sutileza; ambas existem desde sempre, uma duração sem começo e fim; no entanto isso não significa imobilidade; ao contrário, significa movimento perene, modificação constante, eterna duração.

O quarto postulado afirma que todo corpo, por menor que seja, é composto por uma infinidade de partículas e está num jogo incessante de movimento e repouso. Assim, são as relações de repouso e movimento que determinam o corpo, bem como o poder que este detém de afetar e de ser afetado por outros corpos. Tudo no mundo vive nesse incessante jogo de afecções entre corpos.

O quinto postulado afirma que Deus se expressa como natureza naturante (relativa aos atributos que exprimem uma essência imutável, de duração eterna e que existe em si e é conhecido por si) e como natureza naturada (relativa aos atributos que exprimem uma essência mutável e de duração finita).

De acordo com esses postulados, Espinosa inclui o tempo na natureza naturada, considerando que este não é uma coisa em si mesma, mas duração determinada dos seres existentes. Nesse sentido, a duração é indeterminada, porque o ser mortal não pode, por si, determinar sua longevidade além daquela determinada por leis naturais. Nesse mesmo sentido, a criação pode ser considerada eterna, porque Deus manifesta-se (e há de manifestar sempre) por meio de suas criações e recriações.

Ele defende a ideia de que o mundo detém uma inteligibilidade própria, não restrita à razão humana, mas que ambas operam necessariamente de maneira coincidente e na mesma direção. Nesse sentido, todos os seres naturados ocorrem juntos e têm um destino comum.

Ainda segundo Espinosa, o tempo dispõe de alguma existência, mas nunca fora do pensamento e dos seres naturados. Sua noção, por parte do homem racional, serve para que as coisas sejam mais bem e mais facilmente pensadas, imaginadas, explicadas e guardadas na memória. A duração é o atributo sob o qual concebemos a existência das coisas criadas enquanto perseveram em sua atualidade. Assim, o tempo não é uma afecção das coisas, mas apenas um modo de pensar que serve para explicar a duração. Por sua vez, a duração não é uma essência, mas tão somente um atributo da existência.

Duração e existência confundem-se, pois, quanto mais se subtrai a duração de uma coisa, tanto mais se subtrai, necessariamente, sua existência. A determinação da duração é feita pela comparação com a duração das coisas que possuem um movimento certo e determinado, e é exatamente essa comparação que se denomina tempo.

Para Espinosa, tudo é matéria e esta é eterna; só existe uma substância e esta é Deus, para além do qual nada existe. Deus é pura e incessante potência criadora, e tudo que existe é sua manifestação. Quanto a isso, uma questão surge de imediato e com grande poder de contestação: como um Deus tão puro, poderoso, justo e eterno pode se manifestar em criaturas tão imperfeitas, voláteis e às vezes tão abomináveis como certos homens?

Talvez Espinosa esteja tentando superar essa objeção quando afirma que a maior força do universo é o *conatus*, o desejo intrínseco de relações. Nesse caso, pouco importa a temporalidade ou duração de um ou outro indivíduo, de uma ou outra forma; o mais importante, e o que verdadeiramente conta, é a continuidade perpétua desse jogo incessante mantido pelas inter-relações de tudo quanto existe e de onde surge e se mantém o equilíbrio dinâmico que comanda o universo.

Como modo finito de Deus, o tempo nada determina como necessidade absoluta do mundo; ele apenas registra a duração dos corpos. Apenas a substância é eterna; o tempo é passageiro, e cada ser tem o seu tempo próprio e que deve ser vivido plenamente, na plenitude do *conatus* e na sua vinculação necessária com o belo, o justo e o bom, mesmo a despeito da ocorrência de seus contrários.

JOHN LOCKE (1632 – 1704, filósofo inglês, fundador do empirismo, do liberalismo e do contrato social). Considera o tempo como simples redução à ordem das ideias, porque estas são os únicos objetos de que se pode falar. O tempo estaria ligado a qualquer tipo de ordem constante e repetível. Nesse caso, o tempo seria algo totalmente relativo, nada mais que a ideia que dele se tem, e isso dependeria de cada sujeito do conhecimento.

GOTTFRIED WILHELM LEIBNIZ (1646 – 1716, matemático e filósofo alemão, criador do cálculo diferencial e integral). Defende a ideia de tempo como algo relativo, sendo ele a medida do movimento intuído, e por isso só podemos concebê-lo segundo a ordem da coexistência e da sucessão das coisas; ou seja, não existe tempo isolado, apenas nos acontecimentos do mundo; o tempo constitui-se precisamente na relação entre os fenômenos. O tempo tem uma natureza lógica, e não ontológica.

GEORGE BERKELEY (1685 – 1753, filósofo irlandês, patrono do idealismo subjetivo). Substitui a ordem do movimento pela ordem das ideias; ou seja, a ordem do movimento externo pela ordem do movimento interno, subjetivo.

GEORG WILHELM HEGEL (1770 – 1831, filósofo alemão, um dos fundadores do Idealismo). Concebe o tempo como manifestação do espírito absoluto intemporal; ou seja, o princípio da autoconsciência pura e que subjaz ao próprio conceito; tempo como princípio do eu, da autoconsciência pura. O tempo não se identifica exatamente com a consciência humana, mas com a consciência ou razão do Espírito absoluto. A consciência humana é o teatro da realização progressiva deste espírito universal. Para ele, o fim está contido no começo; o tempo é uma forma da realização do espírito, uma forma de sua autorrealização. Tudo está no Absoluto, inclusive o tempo.

ERNST MACH (1838 – 1916, filósofo e matemático austríaco). Defende a ideia de tempo como abstração do pensamento, em decorrência da variação das coisas; não há tempo absoluto, e por isso este jamais poderia ser medido, não tem um valor intrínseco e verdadeiro. Para ele, nossa representação do tempo surge de uma correspondência entre o conteúdo de nossa memória e o conteúdo de nossa percepção; assim, não podemos falar de um tempo absoluto, independente de toda variação; um movimento só pode ser interpretado como uniforme quando comparado a outro movimento também uniforme.

EDMUND HUSSERL (1859 – 1938, filósofo e matemático alemão, criador da escola da fenomenologia). Afirma que toda vivência efetiva é necessariamente algo que dura e que é essa duração que se insere num infinito contínuo de durações, em um contínuo pleno; o horizonte temporal é infinito, ocorre em todas as direções. O tempo individual vivido pertence a uma corrente infinita de vivências; assim, cada vivência isolada pode ter sua duração encerrada, mas a corrente de vivências, como um todo único e contínuo, não acaba; ao contrário, fica preservada como um eterno presente.

HENRI BERGSON (1859 – 1941, filósofo e escritor francês, laureado com o Nobel de Literatura em 1927). Apresenta duas concepções de tempo. Uma, vinculada ao tempo espacializado, submetido às métricas matemáticas, tal qual apresentada por Newton, Einstein e vários outros cientistas. A outra concepção está vinculada ao tempo como processo intuitivo e pura duração vivenciada pela consciência.

Bergson apresenta uma teoria de tempo muito singular, sendo este representado pela duração que se dá como processo ou fluxo constante, e não como justaposição de instantes isolados; nesse caso, não há instante, mas um fluxo contínuo e eterno. De acordo com essa concepção, o presente pode estar relacionado a um evento de duração curta, como a dissolução de uma colher de açúcar num copo de café, ou longo, como a duração entre o plantio e a colheita dessa planta.

Ele não concebe o tempo como instantes justapostos, mas como fluxo autônomo de criação e mudanças ininterruptas, sendo estas perceptíveis apenas subjetivamente, pela consciência. Nesse caso, o tempo único é o devir constante, a duração do que realmente se vive, abertura perene para o futuro e para suas possibilidades infinitas. Nada escapa a esse tempo real, verdadeiro caudal que leva tudo consigo; assim, qualquer outra concepção de tempo não passa de ficção ou medida arbitrária.

A percepção ocorre do mundo interior para o mundo exterior, daí que ela se abstrai da situação do sujeito em direção à situação do objeto e do universo. Só há duração para a consciência; as coisas e seres inconscientes não possuem duração, simplesmente participam dela.

Para ele, o durar é estar no mundo junto a outros seres e assim participar de um todo que a tudo abarca, mas nunca totaliza plenamente, porque a duração do todo é contínua e sempre transformadora, portadora de novidades.

Ao contrário da ideia heraclitiana segundo a qual o rio se modifica a cada instante e por isso uma pessoa não pode tomar banho nele duas vezes (porque o rio muda e a pessoa também), as ideias bergsonianas têm um sentido distinto: as águas do rio podem mudar, alterar-se em várias características, mas o rio é sempre o mesmo. Isso significa que a unidade permanece na diversidade; não é apenas a multiplicidade, mas especialmente a continuidade indivisível da mudança que constitui a verdadeira duração. O tempo é pura mobilidade, fluxo contínuo, indivisível e eterno.

A duração é o movimento interno a que estamos submetidos ininterruptamente; é uma sucessão contínua, em que a memória "prolonga o passado no presente". Nossos estados de consciência não podem ser distinguidos uns dos outros, uma vez que não se constituem em partes destacáveis, mas sim em um todo indivisível. Esses estados se interpenetram, constituindo uma unidade de diversidades. Metaforicamente falando, nossa vida inteira é como um grande texto, sem interrupção.

Ao contrário do senso comum e até mesmo da ciência que valorizam o tempo presente em detrimento do passado que já se foi e do futuro que há de vir, Bergson considera o passado como o sustentáculo e garantia do tempo, pois somente "o que foi" não pode mais ser alterado e, portanto, está absolutamente fora da instantaneidade do presente e da incerteza do futuro.

Para ele, a duração capta, prolonga e mantém sempre presente um evento que já passou; ou seja, existe um passado real, uma dimensão que vai se dilatando à medida que vai incorporando o presente que sempre fica para trás. Tudo se passa como se a duração, a exemplo de uma bola de neve, fosse juntando em si mesma os fragmentos de neve encontrados no caminho por onde passa. Isso significa que o passado é a única dimensão real do tempo; é ele que se afigura no presente e abre as portas do futuro, pois é desses dois eventos que ele se nutre e se expande indefinidamente.

A real dimensão do tempo e do ser é o passado, porque este foi feito de incorporações, vivências, estórias, realizações, inserções de vivências no caos material do mundo. Nesse sentido, o tempo não passa; ele simplesmente dura, conservando em si todos os momentos e acontecimentos. Ou seja, tempo é memória, registro de uma realidade em perpétua mudança e que não cessa de se fazer e se refazer continuamente. Assim, os momentos ficam para sempre retidos no tempo, a grande memória do mundo e também o arcabouço da evolução cósmica.

Para ele, o tempo seria um tipo de memória ontológica, feita de lembranças. Uma boa metáfora para isso é a ideia de que o tempo não passa, mas desenrola-se, desdobra-se, mostrando aí o que carrega em si. Nesse sentido, apenas do passado se pode dizer que é, ao contrário do presente e do futuro, que podem ou não ser, que estão sempre à mercê da casualidades e vicissitudes. Por outro lado, durar significa permanecer no aqui-agora enquanto for mantida a existência de determinado corpo ou objeto.

Esse conjunto constitui o "élan vital" que faz com que o passado de um ser se prolongue em seu presente, sendo esse o momento mais contraído da duração e memória.

O conceito de duração envolve o de consciência e memória e, nesse sentido, ele não se aplica somente ao indivíduo ou à espécie humana, mas ao universo como um todo. Isso também significa que tudo o que existe é um misto de matéria e espírito.

A duração existe para todos os seres, mas somente os humanos são capazes de senti-la, de olhar para seu passado com olhar nostálgico ou para seu futuro, com olhar de ânimo ou desânimo; de ter consciência de que viveu, está vivendo e num determinado momento deixará de estar ativo nessa enxurrada prodigiosa que o arrasta para sempre.

Somente a duração vivida é capaz de sentir o tempo, mas essa não é mensurável e muito menos uma medida-padrão, pois varia de intensidade e de indivíduo para indivíduo; assim, ela só pode ser intuída, pensada e entendida como um todo, e não de forma numérica e centrada em instantes superpostos.

Bergson não nega o tempo, mas toma-o como algo intrínseco à vida e que anima toda a natureza, propiciando sua evolução e criação incessante de formas novas e imprevisíveis. Ainda segundo ele, a única maneira de captar esse sentido criativo do tempo, da vida e da natureza é pela intuição metafísica, e não pela racionalidade científica, centrada na fragmentação, quantificação e análise. O instante ocorre, mas ele está totalmente conectado no fluxo da duração espontânea e irreversível.

Para Bergson, a intuição diz respeito ao que há de mais íntimo e pessoal em nós, e somente por ela e com ela é que podemos sentir nossa duração, nosso escoamento no tempo, nossa essência única. Esta pode se alterar com as circunstâncias externas e internas, mas nunca deixa de ser ela mesma. Assim, intuir sobre nós mesmos é a mais simples e perfeita intuição que podemos ter acerca do mundo, do tempo e da duração, porque isso seria o encontro de nós com nós mesmos.

Bergson é dualista, defende que o universo é constituído de matéria e de espírito, sendo este o elemento que existe no âmago e confere movimento àquela. Assim, matéria em si mesma, sem o espírito, é inerte. É o espírito, também reconhecido como élan vital, que confere movimento, alteração, mudança e a própria duração ou essência do ser. A duração é a realização de cada ser e, por extensão, a realização de todo o universo.

Ele defende a existência de um tempo unificado, universal, impessoal e que engloba uma infinidade de durações individuais, no entanto admite que dele façam parte também as durações individuais. Ou seja, as durações individuais estão contidas ou coexistem numa Duração maior, também denominada por ele de Passado Puro, sendo essa a verdadeira e única dimensão do tempo. Ou seja, o passado puro é a instância em que todos os presentes e todos os acontecimentos ficam alojados.

FRIEDRICH WILHELM NIETZSCHE (1844 – 1900, filósofo e escritor alemão). Defende a ideia de que existe tempo, mas este vem sempre acoplado ao movimento incessante da matéria, por meio das infinitas combinações que ela engendrada por si mesma e em si mesma. Ou seja, não existe um tempo puro, autônomo, anterior ao mundo ou fora da matéria; o tempo está contido na existência e duração dos seres.

O "eterno retorno", termo cunhado por ele e largamente debatido na literatura filosófica, não significa que o tempo ou as coisas retornam ou se repetem num dia especial e distante, mas sim no próprio presente da existência; o retorno dá-se incessantemente, sempre criando e recriando as coisas. Também não significa que todas as coisas e todos os organismos retornam exatamente do mesmo jeito que eram, mas sim que sempre retornam de forma distinta.

No nível mais sutil e profundo da doutrina nietzschiana do eterno retorno, repousa a ideia primária de que retornar não se refere propriamente ao tempo, mas à matéria, ao seu eterno devir. Ou seja, o que existe é uma mesma e única matéria que sempre ressurge em formas diversas, sempre prenhe de novidades.

Para Nietzsche, não existem leis externas, apenas o movimento incessante, tocado por um conjunto de forças criadoras e que correspondem à vontade de potência que anima o homem e o mundo. Mesmo denominando sua hipótese de retorno eterno, Nietzsche certamente não desconhece o fato de que isso é uma hipótese, e não uma verdade absoluta e definitiva.

Muitos intérpretes entendem a ideia do "eterno retorno" como sendo o mesmo que "eterno retorno do mesmo", no entanto, do ponto de vista lógico e também em adequação com a centralidade de suas obras, as duas sentenças não são idênticas. Afinal, retornar sempre não significa retornar com as mesmas características. No caso de Nietzsche, filósofo por excelência na condenação do niilismo e na superação do homem, não comporta bem a ideia da eterna repetição do mesmo. A mesmice não gera a novidade, o progresso e o aperfeiçoamento, que são peças-chave em seus anunciados do além-do-homem.

Com base no princípio do eterno retorno, ele postula que o mundo é o devir eterno, infinito, uno e igualmente múltiplo. Assim, a eternidade está no mundo, não foi criada pelo tempo, nem o tempo descende dela. Ela é eterna, mas isso não significa que seja imóvel ou imutável; ao contrário, ela carrega em si o incessante poder de criar e recriar, e tanto a vida como a morte fazem parte desse processo. É nesse sentido que esse pensador associa o devir ao sentido da tragédia. Para ele, o tempo é trágico, porque corresponde exatamente à própria existência e duração das coisas, e não além delas. Ou seja, tudo tem seu próprio tempo e duração e nada mais além disso.

GASTON BACHELARD (1884 – 1962, filósofo e poeta francês). Defende a ideia de que o tempo é descontínuo e só existe no instante, isto é, não tem nenhuma continuidade para frente ou para trás; o tempo é presença única, mas efetiva; assim, o instante é o elemento primordial, tem um caráter decisivo e marcante, uma verdadeira ruptura do ser com aquilo que foi ou será.

Para ele, não existe um contínuo absoluto ou uma duração absoluta, como defendido por Bergson, mas sim uma sucessão de instantes ou agoras que não perduram em si mesmos; eles surgem e desaparecem, qual fragmentos lançados ao espaço ou pirilampos em noites escuras. A consciência é consciência do instante experimentado e retido na memória.

O tempo é formado pelo instante presente que "devora" impiedosamente o instante anterior, fazendo do passado um instante irreversível e irrecuperável. Toda vida, todo ser e todo o universo só existem no instante presente, sendo o passado e o futuro dois imensos vazios, um nada absoluto. Conforme ele diz de forma poética, "o tempo é um eterno renascer e morrer; o instante é capaz de nos isolar dos outros e de nós mesmos, já que rompe nosso passado mais dileto. Continuidade só existe na memória, como decorrência dos instantes vividos".

Não fica claro em Bachelard se há miríades de instantes, cada um sendo portador de novidades ontológicas, ou se existe apenas um instante resiliente que sempre morre e revive com a mesma identidade. Evidentemente, no primeiro caso, haveria sempre instantes novos e sucessivos, enquanto no segundo caso haveria uma intermitente ressurreição do mesmo instante que desaparece para em seguida ressurgir.

Para Bachelard, a duração individual é real, mas ela é uma construção da mente, e não o efeito de um élan vital que dura em nós, como defendido por Bergson. Ou seja, os indivíduos duram, mas sua duração é formada de fragmentos temporais descontínuos, a exemplo de uma cadeia de lâmpadas em que cada uma acende e apaga intermitentemente.

Tempo como estrutura de possibilidade

Não importa o que o passado fez de mim.
Importa o que farei com o que o passado fez de mim
(Sartre).

Essa concepção está fundamentada no fato de o tempo estar integrado numa estrutura de possibilidade, e não de necessidade, relatividade ou outras causas definidas *a priori*. Nela, o tempo está acoplado à própria formação do ser humano, à aprendizagem, à experiência e à cultura, portanto a natureza de ambos é similar, são entidades mutuamente dependentes. Isso significa que o homem e o tempo se complementam, um depende do outro. O tempo do homem corresponde ao seu modo de vida. Essa concepção é defendida pelos seguintes pensadores:

JEAN-MARIE GUYAU (1854 – 1888, filósofo, escritor e poeta francês). Defende a ideia de que o tempo é simplesmente uma faculdade adaptativa, o resultado empírico da cultura e da experiência humana. Ele não constitui, *a priori*, a estrutura da consciência, conforme afirmava Kant; ele provém dela, é efeito da aprendizagem e da vivência; é um conjunto de inter-relações dinâmicas ao longo existência; é uma disposição particular e um senso interno de organização das imagens e acontecimentos. Tempo é aprendizado, fruto de uma evolução; passagem do homogêneo ao heterogêneo, uma diferenciação introduzida nas coisas com base na vivência de cada um. Ou seja, o tempo é um elemento subjetivo e de origem cultural.

Por ser cultural, a noção de tempo desenvolve-se ao longo da existência humana, permitindo uma diferenciação cada vez melhor das coisas e dos acontecimentos; assim, ele é confuso e múltiplo na criança, passando a ser relativamente mais discernível na fase adulta. Ou seja, a noção de tempo surge da linguagem; do estabelecimento de relações de diferença, semelhança, pluralidade, ordem e intensidade, bem como do uso social dos símbolos associados diretamente à contagem do tempo, como o relógio, o calendário, e a sequência de eventos naturais, como as estações do ano, ou de eventos sociais, como os ritos religiosos.

Segundo Guyau, o tempo constitui-se num tipo especial de ordenamento ou sequenciamento dos fatos e fenômenos. Assim, o tempo, como ideia, forma-se em nós à medida que conseguimos nos ordenar. Ter ordem já é, de algum modo, ter o domínio do tempo ou, antes, ter consciência de que ele se encontra em nós e nós nele. E, para tal, é preciso formar o hábito, a rotina, porque é isso que nos ajuda a produzir a ideia de constância e de continuidade.

De acordo com Guyau, nas línguas indo-europeias, as diferenças entre ações no passado, presente e futuro são claramente fixadas pelos verbos. As formas verbais aprendidas acabam nos impondo a capacidade de discernir temporalidades muito sutis, por exemplo, entre pretérito do perfeito e pretérito do subjuntivo; entre imperfeito e mais-que-perfeito; entre presente e imperativo, e assim por diante. Assim, desde cedo, a ideia de tempos é imposta à criança pela própria língua.

Por outro lado, observa-se que essas variações de formas verbais não ocorrem em várias outras culturas, indicando que a ideia de diferentes temporalidades não é um fator biológico, mas cultural. Ou seja, as dimensões do tempo são simplesmente decorrentes da repetição de determinados padrões ou modelos de comunicação que se aprendem na vida quotidiana e são reforçados pela família, pela escola e pela sociedade, em geral.

Ele observa que não somente as crianças, mas também os animais não humanos têm uma percepção muito confusa das relações temporais. Com efeito, os animais só têm necessidade dos sentidos instintivos para manterem sua sobrevivência e capacidade reprodutiva; sua memória é espacial, sendo as imagens visuais, tácteis, olfativas etc. quase totalmente dependentes dela. Assim, se mesmo no homem — e sobretudo na criança — a ideia de tempo permanece muito mais obscura em comparação com a de espaço, isso é uma consequência natural da ordem da evolução, que desenvolveu o sentido espacial antes do temporal.

Para ele, o passado é tão somente o vestígio de vivências que restaram no espírito de quem as experimentou. Como diz ele, poeticamente:

> [...] "Tudo isso será levado embora, apagado; só restará aquilo que era profundo, aquilo que deixou em nós uma marca viva e vivaz [...]; ao redor desses traços salientes, a sombra se fará e eles aparecerão sozinhos na luz interior. O mundo será recriado em nosso espírito; algumas imagens ficarão retidas como pontos de luz na escuridão, outras se perderão, como lágrimas na chuva". (Guyau, 2020).

Ao falar do passado e de seus vestígios gravados no espírito, Guyau está falando não apenas de uma fase do tempo, mas especialmente da memória. Num certo sentido, é a memória que constitui a pessoa; é graças a ela que se forma a identidade, a consciência de si e o desejo tão atávico de ser lembrado, mesmo após a morte. Quanto ao futuro, este não existe, sendo apenas expectativa, desejo e espera.

Para ele, é a partir da noção de espaço que desenvolvemos a ideia de tempo. Ou seja, a noção de espaço é universal, ocorre em todos os animais e é mais consistente biologicamente. Por outro lado, a noção de tempo é uma construção social e desenvolve-se naturalmente da criança ao adulto, bem como dos povos primitivos aos mais avançados culturalmente. O tempo, em si, é apenas a sensação que temos de nossa própria duração, a memória dos atos que vivenciamos e a esperança de que eles possam ou não aparecem mais adiante; o tempo não existe, mas a noção sobre ele serve para a ordenação da vida humana.

MARTIN HEIDEGGER (1889 – 1976, filósofo e professor alemão). Considera o tempo como o existir das criaturas, e não como mero substrato no qual as coisas acontecem. Para ele, tempo e ser são elementos indissociáveis.

Para ele, todas as coisas são diferentes, por mais semelhantes que pareçam, pelo simples fato de que cada uma delas ocupa diferentes espaços e tempos; ou seja, uma coisa é ela mesma quando observada numa perspectiva espaciotemporal. Além disso, somente o ser humano é capaz da noção do espaço-tempo, e isso se apresenta como determinação que não pertence à própria coisa, mas apenas ao homem, pois é este que detém a visão dela.

Além disso, é a consciência da morte que desencadeia a sensação de tempo, pois ela é o grande porto de chegada. Os dias, as horas e todos os seus múltiplos e submúltiplos nada mais são do que unidades de medida, que generalizam o tempo especial, de cada um.

A experiência do tempo corresponde à experiência que se tem como ser humano que participa e faz parte deste mundo. Viver é construir o tempo e se identificar com ele. O tempo é exatamente aquilo que experimentamos, que usufruímos e que se identifica com nossa própria história. O relógio não define nosso tempo especial, ele apenas indica um tempo amorfo, homogêneo e continuamente igual para todos; tempo sem nenhuma graça, mas que pode ser enriquecido pelas experiências de cada criatura.

Para ele, o homem (*Dasein*) é o único ser que realmente existe de um modo pleno, por ser ele o único capaz de ter consciência de si, interrogar sobre o sentido da existência e escolher seu destino, por livre-arbítrio e mediante a capacidade de superar a mediocridade. Nesse sentido, o homem é seu próprio tempo, um ser distanciado da natureza, com seu próprio estatuto de valores e ontologicamente distinto dos demais seres do mundo.

Segundo Heidegger, o homem é ser-de-aprendizagem e de solidão e cujo grande destino é a morte, da qual ele tem (e deve ter) plena consciência. Isso significa que só há tempo porque há o senso humano e a certeza da morte. Ou seja, na ausência do homem e da noção de sua finitude, o tempo deixa de existir. Só há tempo, porque há o ser humano capaz de pensar nele e em si mesmo.

Para ele, não há passado, presente e futuro como tempos estanques. Esses três tempos ocorrem conjunta e simultaneamente no *Dasein*, pois o passado é experiência; o presente é vivência; e o futuro, antecipação. Assim, o ser é totalmente temporal; não porque exista um tempo absoluto ou subjetivo, mas porque existe um tempo constitutivo da existência e da consciência. Ou seja, o tempo é o horizonte da compreensão do ser-aí, aberto para o mundo, para a experiência da vida.

A máxima de Heidegger é de que o homem não é "o que", mas "o como", pois vive em constante aprendizado e transformação; ele não é um ente imutável, mas sim um ente em constante devir e que se constitui historicamente, sendo ele mesmo seu próprio tempo e destino. Nesse caso, tempo e criatura humana confundem-se, formam uma só unidade. O homem não está no tempo, ele é o próprio tempo.

De acordo com Heidegger, caso houvesse algum tipo de necessidade, esta seria da realização da plenitude do indivíduo, sua vivência digna, e não a necessidade de tempo cronológico, cosmológico ou nenhum tipo que escapa à própria essência do ser. Assim, a medição do tempo ou a simples sucessão de momentos indiferentes não corresponde à grandeza e merecimento desse ser tão especial que é o homem, ser calcado em emoções, sentimentos, perspectivas e sonhos.

Heidegger resume a premissa de tempo como historicidade ao propor como exemplo a busca da verdade. Para ele, primeiramente, o homem busca a verdade nos mitos, depois na fé em Deus, depois na razão inquiridora. O que constitui e resulta naturalmente desse esforço humano é simplesmente algo histórico e, portanto, real, apesar de continuar sendo sempre aberto a novas possibilidades. Ainda segundo ele, tudo que é considerado "natural" é constituído de historicidade, inclusive o tempo.

Para Heidegger, nós não estamos no tempo, mas somos o próprio tempo; o tempo é a própria existência; não é o tempo que passa, mas somos nós que passamos por ele e com ele. Ou seja, é no tempo que o ser humano se constitui e realiza seu projeto de vida, o qual só finda com a chegada da morte. Assim, o ser humano deve aplicar todas as suas energias para que sua vida tenha a autenticidade, dignidade e grandeza que merece.

Partindo desses pressupostos, parece que a filosofia heideggeriana tenta neutralizar as forças da natureza e endeusar as forças do homem; transformar o homem em criador absoluto e ilimitado. Ou seja, ele parece endeusar o ser humano, mas ao mesmo tempo parece condicioná-lo ao isolamento, ao distanciamento dos demais seres do mundo.

VLADIMIR JANKÉLÉVITCH (1903 – 1985, filósofo e educador russo). Afirma que o tempo é pura efetividade que escapa a conceitos e definições; uma essência paradoxal: aquilo que não existe nem subsiste e, no entanto, é a única substancialidade do ser humano. Em outros termos: o tempo não é um objeto ou coisa, mas um quase-nada e também um quase-tudo; ele está consubstanciado na existência e no pensamento e, portanto, está presente em todos os atos humanos. Seu modo de ser é o "devir", alternância perpétua de algo e nada. Para ele:

> [...] "O devir não é a maneira de ser, ele é o próprio ser; o tempo não é o seu modo de existência, ele é a sua única substância e essência". (Marques, 2017).

Assim, não podemos pretender "pensar" o tempo, pois, ao fazer isso, estamos, de fato, pensando em acontecimentos, ritmos e movimentos, mas não na "ipseidade do tempo". O tempo é um misto de ser e não ser, ou melhor: a instância de mediação que está assegurando, em perpetuidade, a passagem do ôntico ao meôntico e vice-versa. Em outras palavras, o tempo é o quase-ser que procede à entificação do nada sem chegar a participar do ser.

O fundamento do caráter simultaneamente evidente e obscuro do tempo radica, em última análise, na diferença que está separando entre si os referentes denotados na sentença de Agostinho, pelos termos "sei" (quando não pergunta o que é o tempo) e "não sei" (quando não lhe é perguntado).

A evidência do tempo é impalpável, mas está determinada pela irreversibilidade. Esta não é uma característica do tempo, mas sim a sua própria identidade e garantia de temporalidade. O homem é temporalidade, ou seja, ele é necessária e inteiramente irreversibilidade; todo o seu ser consiste em devir, ou seja, em "ser, não sendo". É justamente esse postulado de probabilidade que permite incluir esse autor no rol dos que defendem o tempo como estrutura de probabilidades, e não como entidade absoluta ou relativa.

Para este filósofo, o tempo é irreversível, ou seja, sua direção é sempre o futuro; seu sentido é único, uma eterna servidão à sucessão dum antes seguido por um depois, jamais intercambiáveis. Assim, a ideia de reversão ou de regresso ao passado é um tremendo absurdo; apoiar nessa ideia é aniquilar a própria noção metafísica do tempo.

Para ele, a lei fundamental do irreversível consiste na "abertura do renovamento infinito e no fato de cada instante advir uma só e única vez. Cada momento é irremediavelmente recalcado pelo seguinte e sorvido para sempre. A lembrança não é um modo da presença, mas da ausência cujos sucedâneos imagéticos e reminiscências tornam mais sensível tudo quanto perdemos".

Segundo Jankélévitch, o pensamento está simultaneamente dentro e fora do tempo. Não há, por conseguinte, hipótese alguma de manter a boa distância entre um sujeito cognoscente e um objeto cognoscível. Ou seja, o tempo não representa um invólucro do ser, nem o ser envolve o tempo; ser e tempo estão indissociavelmente ligados um ao outro, à semelhança da alma e do corpo. Assim, é impossível falar do tempo sem que o próprio discurso empregue os substantivos, verbos e advérbios relativos à temporalidade.

Ele não pensa o tempo segundo a duração bergsoniana, princípio de continuidade, retenção e estabilidade, mas com base na irrupção do instante. A força do tempo reside na sua emergência instantânea; o devir é uma incessante oscilação entre ser e não ser, sempre na direção do futuro.

Para Jankélévitch, a irreversibilidade do tempo anula a tríade formada pelo passado, presente e futuro para reificar o instante presente, que pode ser construído de diversos modos pela capacidade humana. O homem, apesar de constituir uma ipseidade preciosa e irrepetível em todo o universo; sua vida é um "grande instante" entre um nada antecedente e um nada subsequente. Isso significa que ao homem consciente compete aceitar com serenidade a irreversibilidade do tempo sem tragédia nem frivolidade.

CARLO ROVELLI (1956 –, físico e cosmólogo italiano, com atuação nos Estados Unidos e na França). Defende a tese de que o tempo pode ser enquadrado no âmbito das teorias quânticas, em que o mundo infinitamente pequeno possui propriedades totalmente distintas do mundo macroscópico em que vivemos. O tempo é um elemento quântico e com as mesmas propriedades das partículas quânticas, uma mera probabilidade.

Ele concebe a estrutura einsteiniana de espaço e tempo combinados, formando um substrato físico ou campo gravitacional que determina a duração, sendo essa também uma entidade quântica e que só passa a ter valores determinados quando interage com alguma massa.

Ao incluir o tempo na unidade quântica, ele o concebe como sendo um objeto físico, à semelhança de um elétron, e, como este, também flutua em constante e velocíssimo movimento. Nesse caso, flutuação não significa que aquilo que acontece seja sempre realidade, mas sim que é determinado apenas em alguns momentos e de maneira imprevisível, como nuvem de probabilidades. Ou seja, em nível quântico, o tempo comporta-se como uma partícula flutuante e com posição indeterminada; desse modo, um acontecimento pode estar, simultaneamente, antes e depois de outro; isto é, cessa a diferença entre presente, passado e futuro.

Com base nestes postulados, pode-se afirmar que o tempo flutua e foge constantemente. Isso significa que o mundo não é regido pelo tempo, mas por eventos que se sucedem a ermo, por probabilidades, e não como uma fileira de elementos ordenados, como soldados em fila indiana. Também significa que o tempo, como estrutura de possibilidade, pode ou não existir, dependendo do grau de percepção do sujeito que observa.

Partindo desse princípio, Rovelli afirma que a variável tempo não é necessária para descrever o mundo, bastando para isso medidas de quantidades, qualidades e relações de umas coisas com outras. Segundo ele, a primeira vez que se escreveu uma equação para a gravidade quântica, sem variável temporal, se deu em 1967, com base nas equações desenvolvidas por Bryce DeWitt e John Wheeler, e que atualmente levam seus próprios nomes. As equações da gravidade quântica em *loop*, que Rovelli vem desenvolvendo, são uma versão atualizada das teorias desses dois físicos.

Para esses autores, as equações da Física quântica descrevem o mundo como fluxo de acontecimentos erráticos, e não como mundo de objetos fixos. Num universo assim tão imprevisível, a variável "tempo" deixa de existir, pois a própria existência é imprevisível e imponderável, tudo dependendo das inter-relações de seres, coisas e acontecimentos.

MENSURAÇÃO DO TEMPO

O homem é a medida e o medidor de todas as coisas
(Protágoras, modificado)

A mensuração do tempo sempre foi feita com base no ritmo dos astros, notadamente do sol e da lua, bem como das variações climáticas e ambientais delas decorrentes. Esse ritmo foi crucial para a determinação de hábitos culturais e para a antecipação de procedimentos vinculados à agricultura e à exploração dos recursos naturais. Assim, por exemplo, o período de maior intensidade da pesca correspondia à migração de certos peixes, a qual estava condicionada a determinadas estações do ano; a coleta e o consumo de determinados frutos só se davam na estação propícia a isso, e assim por diante. Ou seja, o conhecimento da sucessão das estações e das potencialidades que isso acarretava para as atividades agrícolas e comerciais foi de fundamental importância para a datação e o progresso humano.

Com o estabelecimento das comunidades em cidades e vilas e também com o surgimento da figura de faraós, reis e imperadores, o tempo começou também a ser contado pela duração dos reinados. Os primeiros registros desse tipo de cronologia foram realizados nas antigas civilizações do Egito, da Babilônia e da Assíria. Para eles, medir o tempo passou a se constituir numa estratégia eficaz para registrar os períodos de trabalho, lazer, orações e outras atividades socioculturais. Por mais distantes cultural e geograficamente que esses povos estejam, é interessante observar que a quantificação do tempo, por meio de calendários e relógios, esteve sempre fortemente ligada às mesmas atividades humanas e às suas relações com os ciclos da natureza.

Fica claro, portanto, que a mensuração do tempo foi e continua bastante útil para a determinação do tempo propício a inúmeras profissões humanas, como o agricultor, que observa o momento propício para plantar e colher; para os religiosos, que estipulam o momento mais correto para a celebração dos ritos; para os políticos, que se preparam para assumir ou deixar os cargos; para pais e professores, que entendem bem o momento mais adequado para levar a criança a uma situação de equilíbrio entre o tempo que se devia dedicar ao trabalho e às brincadeiras, ao horário de despertar e de dormir.

A mensuração do tempo com base no movimento completo de astros é importante para eventos de longa duração, como os reinados, as viagens interplanetárias e outros, mas não para eventos curtos ou quase instantâneos, como a sentença de um juiz, a corrida de um cavalo ou o deslocamento de um feixe de luz.

Essas situações distintas levaram à invenção da marcação do tempo por aparelhos mecânicos, que aferiam a duração do evento mediante a correlação do tempo necessário à passagem da água (clepsidra) ou areia (ampulheta) por um orifício, impulsionadas pela gravidade. Esses instrumentos primitivos trouxeram tremendo progresso social e serviram para despertar o interesse de se conhecer a natureza íntima do tempo. Metaforicamente, pode-se dizer que com os relógios o homem se libertou totalmente do Sol para registrar o ritmo de suas atividades quotidianas. Também foi com base nele que surgiu o calendário.

O termo "calendário" é proveniente do grego *kalein*, que significa convocar, chamar em voz alta. Posteriormente, foi transferido ao latim *calendas*, termo aplicado no Império Romano ao primeiro dia de cada mês, quando ocorria a Lua nova e quando o povo era convocado para pagar seus impostos e fazer celebrações religiosas. Importante observar que a expressão jocosa *ad kalendas graecas soluturos* (isso vai ficar para as calendas gregas) refere-se a um dia que jamais chegará, expressão geralmente aplicada àqueles que adiam indefinidamente o pagamento de uma dívida, a solução de um problema ou o cumprimento de uma promessa.

Os primeiros calendários datam de aproximadamente 6 mil anos atrás e foram criados pelos sumérios, pelos egípcios e pelos maias, os quais detinham sofisticado conhecimento matemático e astronômico. O relógio surgiu na Idade Média, trazendo modificações altamente significativas nos padrões sociais, pois foi por meio dele que houve a secularização do tempo, já que até aquele momento histórico o tempo era tido como uma produção ou dádiva divina a determinar o movimento e os ritmos das pessoas e das coisas. Com essa concepção teológica do tempo, havia a crença generalizada de que o ciclo anual também era obra divina a determinar o momento do plantio e das colheitas, bem como o tempo de apascentar os rebanhos, jejuar, declarar guerra, celebrar a paz e assim por diante.

Na vida quotidiana, a Igreja controlava o tempo das pessoas, por meio das badaladas dos sinos a intervalos regulares, convocando-as às cerimônias religiosas, às orações, ao momento de luto, à penitência e aos folguedos. A concepção de tempo como algo sagrado era tão forte no mundo medieval que até a cobrança de juros por atraso nos pagamentos era proibida aos cristãos, uma vez entendido que o homem não podia usurpar aquilo que estava vinculado à dádiva e ao poder de Deus.

O mais significativo, no entanto, era o fato de que o relógio, produção humana, passava naquele momento a ditar à Igreja o momento exato de tocar seus sinos e proceder às suas celebrações litúrgicas. Ainda naquele momento, quando as unidades de distância, peso e volume ainda variavam de lugar para lugar, a hora tornou-se a primeira unidade de medida padronizada artificial e internacionalmente, sobrepondo-se aos costumes locais e às autoridades eclesiásticas.

A invenção do relógio foi sem dúvida um dos mais significativos fatos da humanidade, sendo isso datado de 1271, quando alguns relojoeiros tentavam fazer uma roda girar uma rotação completa todos os dias. Pouco tempo depois, em 1332, Richard de Wallingford, abade de St. Albans, havia desenvolvido um relógio mecânico astronômico que indicava não somente as horas, mas também os movimentos do Sol, da Lua e das estrelas, bem como a hora das marés altas na London Bridge. Em 1335 um relógio semelhante havia sido instalado na igreja de São Gotardo, em Milão, fato que foi repetido logo depois em várias cidades europeias.

Os relógios portáteis, no entanto, só foram desenvolvidos e usados por cidadãos comuns no século 15. A partir daí houve uma proliferação e aperfeiçoamento do relógio em todas as partes do mundo, chegando na atualidade ao relógio atômico, e com ele se estabelecendo a unidade mínima de tempo conhecida, com base na radiação do átomo de césio e de acordo com o padrão Tempo Universal Coordenado (UTC).

A noção e a cronometragem do tempo condicionam a criação de hábitos e valores compartilhados socialmente. Assim, em muitas culturas, o momento de trabalhar estende-se do começo ao fim do dia, ficando a noite reservada para o descanso; sábado e domingo são dias de folga, convivência familiar e encontro com os amigos; meia-noite é o momento mágico para as comemorações natalinas ou a passagem de ano.

Nesse tipo de convenção cultural, até a fisiologia do corpo molda-se, condicionando que a fome apareça na hora do almoço, geralmente ao meio-dia e no fim da tarde, ficando o sono reservado para o período noturno. Fica evidente, portanto, que a contagem de tempo e hábitos humanos se influenciam mutuamente.

Hoje, em praticamente todos os setores de produção, ensino, lazer e convívio social, tudo é computado em função da cronometragem dos relógios. Evidentemente, a contagem do tempo tornou-se ainda mais indispensável nos experimentos científicos, na medicina curativa e na navegação. Não é à toa que todos os equipamentos e utensílios industriais e domésticos passaram a contar com cronômetros embutidos, os quais são consultados de maneira quase contínua por seus usuários e pelas pessoas com as quais se relacionam. Em certa medida, o relógio tornou-se o impulsionador da produtividade, mas também o algoz da sociedade moderna. Todos nós, de uma maneira ou de outra, somos vítimas e reféns da marcação do tempo. Tudo indica que o senso de marcação e cobrança se tornou tão ou mais poderoso e interessante do que o próprio senso acerca da natureza do tempo.

Certamente, as medidas que se fazem do tempo — ou melhor, em seu nome ou da simples sucessão de dias e noites — são de fundamental importância para o ordenamento dos fatos históricos e da vivência social. Afinal, é a contagem do tempo em milênios, séculos, décadas, anos, dias, horas e minutos que pauta a idade dos fósseis, das civilizações e das grandes conquistas; as relações trabalhistas, entre patrões e operários; as festas de aniversários e outros eventos cívicos e litúrgicos; as programações de TV, rádio e outros meios de comunicação e entretenimento; enfim, tudo que mereça ser comemorado é feito mediante a contagem do tempo.

De todo modo, por mais importantes que tenham sido as contribuições míticas, filosóficas e científicas para a compreensão do tempo, elas nunca conseguiram responder adequada e plenamente às questões relativas a ele. Ao contrário, elas continuam a instigar as mentes e desafiar a investigação, sendo o único consenso a sua marcação por calendários, relógios e cronômetros de todos os tipos.

De todo modo, a marcação do tempo sempre foi e continua sendo muito importante para a compreensão dos processos naturais que incluem períodos muito longos, por exemplo, a origem do universo e a conformação da Terra, bem como períodos relativamente curtos, por exemplo, os envolvidos com as atividades humanas. Daí ter-se estabelecido nas áreas acadêmicas um calendário amplo e subdividido em tempo cósmico, geológico, biológico, histórico, social e pessoal, conforme descritos abaixo.

Tempo cósmico

Na escala do cosmos, só o maravilhoso tem condição de ser verdadeiro
(Teilhard de Chardin)

O tempo cósmico refere-se à origem do universo, estimada em 13,8 bilhões de anos, e a partir daí à formação de miríades de galáxias, estrelas e demais astros que o constituem. Embora as especulações sobre a origem do universo sejam tão antigas quanto a humanidade, as principais concepções cosmológicas de cunho científico sobre isso só começaram a aparecer nas primeiras décadas do século 17, com a invenção do telescópio e avançando celeremente com a confirmação do sistema copernicano, dando conta de que os planetas giram ao redor do Sol, e não o contrário.

Outro avanço significativo se deu com as observações de Galileu, de que a Via Láctea era formada por milhares de estrelas e de que a Lua não tinha uma superfície lisa e incorruptível, mas repleta de crateras, elevações e outras estruturas disformes, tal como ocorre na Terra.

Essas descobertas foram complementadas por vários outros estudos cosmológicos desenvolvidos pelo astrônomo alemão Johannes Kepler, primeiro defensor da ideia de que a órbita dos planetas é elítica, e não circular, sendo esta a forma considerada perfeita e típica do universo supralunar. Também prevalecia a ideia de que uma matéria metafísica e perfeita (éter) constituía os céus, em oposição à matéria física e imperfeita que constituía o universo sublunar. Outro avanço considerável neste setor foi dado por Isaac Newton, ao propor as leis que descrevem a força da gravidade e da aceleração, bem como a dinâmica dos corpos, isto é, as causas que podem alterar seu estado de repouso e movimento.

O desenvolvimento da cosmologia alcançou um acentuado desenvolvimento com a teoria da relatividade de Einstein, no começo do século 20, e os estudos de Edwin Hubble, aproximadamente na mesma época, que forneceram as principais evidências de que o universo surgiu de uma extraordinária explosão (*Big Bang*) de uma matéria extremamente densa e quente, havendo desde aí a sua contínua expansão. Segundo esse astrônomo americano, quanto mais afastadas da Terra estão as galáxias, maiores são suas velocidades de deslocamento. A relação entre a velocidade de deslocamento e a sua distância da Terra constitui o parâmetro hoje denominado constante de Hubble.

Esta teoria também sugere que, logo após a explosão, houve a formação de um conjunto de partículas denominado "plasma de quark-glúons", ainda com temperaturas extremamente elevadas. Nesse processo, os fótons iniciais converteram-se em radiação de fundo, detectada por métodos radioastronômicos. Após milhares de anos, com o resfriamento gradual e intensas interações dessas partículas primordiais, começaram a aparecer elementos com propriedades distintas, como gases, poeiras e outras matérias que acabaram formando estrelas, galáxias, planetas, asteroides, cometas e demais astros.

O astrofísico e escritor Carl Sagan popularizou um calendário em seu livro *Os dragões do Éden* e na série de televisão Cosmos. Nele é representado um tempo cósmico correspondente a um ano no calendário humano e que dura 365 dias. O calendário parte do dia primeiro de janeiro cósmico, à meia-noite em ponto, e estende-se até as 23 h 59 min 59 s do dia 31 de dezembro. Assim, exatamente em 1º de janeiro, a zero hora, zero minuto e zero segundo, ocorreu a grande explosão, o *Big Bang* e com isso houve a formação do espaço, do tempo e das partículas primordiais que passariam a compor a luz e a matéria universal. A Via Láctea só veio a se formar em primeiro de maio, o sistema solar em 9 de setembro e a terra no dia 14 deste mesmo mês.

Apesar de a teoria do *Big Bang* ser a mais aceita na comunidade científica e constar em praticamente todos os livros didáticos que tratam de questões relativas à origem do universo, da vida e do tempo, ela contém tantos vazios teóricos e tantos enunciados obscuros que levam qualquer pessoa a um misto de perplexidade e de dúvidas.

Um dos principais vazios teóricos é sobre o fato de um universo infinitamente grande e volumoso ter surgido de um "átomo cósmico", ou seja, de uma parcela infinitamente diminuta, quase um nada. Como dele poderia ter originado tanta matéria?

Outra questão relevante e também não devidamente esclarecida é como, por que e quem "puxou o gatilho" que desencadeou a explosão inicial. Mais especificamente: o puxador do gatilho já se encontrava ali presente ou se encontrava fora do sistema? Por certo, o agente não veio de fora, uma vez que nada, nem mesmo o espaço existia antes da referida explosão. Tais questões subsistem nos meios não ortodoxos da Física cosmológica e por isso a teoria do *Big Bang* não parece muito mais convincente do que a revelação bíblica de um universo feito mediante o puro pensamento divino contido na expressão latina *fiat lux* (faça-se a luz!).

Ainda segundo a moderna Cosmologia, há duas teorias alternativas sobre a expansão do universo: uma que o considera como sistema fechado ou esférico e cuja expansão atingiria um tamanho máximo para em seguida começar a contrair-se novamente; a outra teoria considera o universo como sistema aberto, hiperbólico e que continuaria se expandindo indefinidamente.

Seja como for, a teoria do *Big Bang* continua sendo a mais testada e a mais aceita e assim, enquanto não surge outra com maior poder explicativo, ela continuará sendo a referência mais abalizada para essas e tantas outras questões instigantes sobre a origem da matéria, do mundo e do próprio tempo, pois do ponto de vista científico, uma teoria só é descartada quando surge uma teoria alternativa e que se mostre mais robusta e mais explicativa que ela.

Tempo geológico

A Terra é o provável paraíso perdido
(Garcia Lorca)

O tempo geológico é aquele atribuído ao desenvolvimento do planeta Terra, incluindo sua origem, a formação de mares, continentes, vales, bacias hidrográficas, cordilheiras, rochas e minerais, como também o aparecimento e extinção dos primeiros seres vivos, especialmente animais e plantas.

A datação desses eventos pode ser relativa e absoluta. A relativa parte do princípio de que as colunas estratigráficas mais antigas ocorrem nas camadas inferiores e as mais recentes, acima delas. Exemplo clássico disso é o Grand Canyon, nos Estados Unidos, que acabou deixando à mostra as camadas horizontais de rochas antes contínuas e depois cortadas pela erosão vertical o rio Colorado. Nelas se pode observar facilmente a sucessão de rochas, sendo as mais antigas as posicionadas na parte mais basal.

A datação absoluta pode ser determinada de duas maneiras: uma pela tipologia dos fósseis encontrados nas rochas e outra pela radiometria. Se a rocha contém fósseis, sua idade será a idade desses fósseis, mas nem sempre a idade deles é conhecida, e por isso a datação radiométrica é fundamental.

A radiometria é um método baseado no cálculo do tempo envolvido no decaimento de uma certa quantidade de isótopos, sendo o decaimento um processo espontâneo, no qual um elemento (isótopo-pai) instável perde partículas ou radiação alfa, beta ou gama, formando um elemento estável (isótopo-filho). A taxa de decaimento é expressa em termos de meia-vida dos isótopos, ou seja, tempo que leva para a metade de um isótopo radioativo decair. Os elementos mais utilizados para a datação de minerais e rochas são o Urânio 235, que se transforma em Chumbo 207; Urânio 238, em Chumbo 206; Tório 232, em Chumbo 208; Potássio 40, em Argônio 40; e Rubídio 87, que se transforma ou decai em Estrôncio 87.

Esses elementos são comumente utilizados para datar minerais e rochas, incluindo aquelas que se originaram na formação da Terra, há cerca de 4,5 bilhões de anos. No caso dos fósseis, o isótopo mais utilizado é o Carbono 14, presente nos ossos e alguma substância orgânica, como colágeno, queratina, quitina e celulose.

A primeira escala de tempo geológico foi publicada em 1913 por Arthur Holmes, um geólogo britânico que promoveu fortemente a disciplina recém-criada da Geocronologia e também publicou o livro intitulado *A idade da Terra*. Por volta da mesma época, o cientista alemão Alfred Wegener comprovava a teoria da deriva dos continentes, afirmando que os continentes, hoje separados por oceanos, estiveram originalmente unidos numa única massa de terra, por ele denominada Pangeia. De acordo com essa teoria, as massas continentais se movimentam lentamente sobre placas tectônicas, ora afastando ora se unindo umas às outras, gerando distintas configurações na superfície terrestre.

Em 1961 foi criada a Comissão Internacional sobre Estratigrafia, no âmbito do subcomitê científico da União Internacional de Ciências Geológicas, com a missão de promover o debate e a padronização de assuntos relacionados a Estratigrafia, Geologia e Geocronologia, em escala mundial.

É importante observar que os limites que marcam início e fim de períodos geológicos são aproximados e há algumas divergências entre os autores sobre essas cifras. No entanto, cada uma dessas unidades é caracterizada por eventos geológicos e biológicos marcantes, como o surgimento de rochas, a extinção de determinados grupos de animais e plantas e vários outros.

De acordo com a Tabela Estratigráfica Internacional, as unidades mais antigas e abrangentes são os éons Hadeano, Arqueano, Proterozoico e Fanerozoico, subdivididos em Eras e estas em ´Períodos. Os três primeiros éons estão agrupados em uma categoria informal denominada Pré-Cambriano, que corresponde a cerca de 90% da história da Terra e só conta com vestígios de fósseis unicelulares. A seguir é apresentado um resumo destas unidades estruturais:

1. Éon Hadeano

Coincide com o surgimento da Terra, há 4,5 bilhões de anos, quando também surgiram os demais planetas do sistema solar, inclusive a Lua. Esse éon se estendeu até cerca de 4 bilhões de anos atrás, quando aparecem as primeiras rochas.

2. Éon Arqueano

Começou há cerca de 4 bilhões de anos e durou até cerca de 2,5 bilhões de anos atrás. Nessa fase, o interior da Terra continha um fluxo de calor muito elevado; poucas rochas dessa fase restaram até os dias atuais. A atmosfera era saturada de dióxido de carbono (CO_2) e com baixas concentrações de oxigênio (O_2); nele já existiam seres vivos, mas apenas procariontes, isto é, organismos unicelulares e com célula desprovida de núcleo, estando o material genético disperso no citoplasma.

2.1. *Éon Proterozoico*

Começou há cerca de 2,5 bilhões de anos e se estendeu até 542 milhões de anos atrás. Nessa fase surgiram vários tipos de rochas, os primeiros organismos multicelulares, eucariontes e com reprodução sexuada._

4. Éon Fanerozoico

Começou há 542 milhões de anos e dura até a atualidade; nele ocorreu um aumento vertiginoso da diversidade dos seres vivos e também extinções em massa. Este éon é formado pelas eras Paleozoica, Mesozoica e Cenozoica, subdivididas em Períodos, na seguinte ordem:

4.1. Era Paleozoica

Estendeu-se de 542 a 250 milhões de anos atrás e nela se formaram grandes jazidas de carvão; durou quase 300 milhões de anos, cerca da metade do éon Fanerozoico; nela, os continentes se encontravam agrupados em uma massa única, denominada Pangeia; está dividida nos seguintes períodos:

4.1.1. Cambriano

Iniciou-se em 542 milhões e terminou em 488 milhões de anos atrás; nele aparece a maioria dos invertebrados, trilobitas, esponjas, anelídeos, artrópodes e moluscos. Os vegetais eram representados apenas por algas marinhas.

4.1.2. Ordoviciano

Iniciou-se há 488 milhões de anos e estendeu-se até 444 milhões de anos atrás. Nele foram formadas as grandes geleiras, com rebaixamento do nível dos oceanos em cerca de 50 m e consequente extinção maciça de espécies de animais. Neste período também apareceram os primeiros peixes ainda destituídos de mandíbula e encouraçados.

4.1.3. Siluriano

Surgiu em 444 milhões de anos atrás e estendeu-se até 416 milhões de anos atrás; foi marcado pelo derretimento das calotas polares e elevação do nível dos mares; nele surgiram os primeiros moluscos com concha; os artrópodes primitivos começaram a conquistar o ambiente terrestre.

4.1.4. Devoniano

Surgiu há 416 milhões de anos e estendeu-se até cerca de 360 milhões de anos atrás; nele ocorreu a expansão dos peixes com mandíbula e a origem dos .anfíbios; surgimento de insetos voadores e florestas formadas por vegetais vasculares.

4.1.5. Carbonífero

Surgiu há 360 milhões de anos e estendeu-se até cerca de 300 milhões de anos atrás. Nele se formaram grandes florestas pantanosas de plantas criptogâmicas (Briófitas e Pteridófitas) que resultaram mais tarde na formação das grandes jazidas de carvão; surgimento dos répteis e da maioria dos invertebrados; período tido como o esplendor da vida sobre a terra.

4.1.6. Permiano

Iniciou-se há 300 milhões de anos e estendeu-se até 250 milhões de anos atrás; ocorrência de muitas erupções vulcânicas, com encobrimento da atmosfera, redução do oxigênio e resfriamento da superfície; o final do período é marcado pela extinção dos Trilobitas e 95% das formas de vida da terra.

4.2. Era Mesozoica

Está compreendida entre 250 milhões e 65 milhões de anos atrás e é bastante conhecida pelo fato de que nela ocorreu o surgimento, domínio e brusca extinção dos dinossauros e vários outros grupos de animais e plantas. A teoria mais aceita para explicar esta extinção em massa foi o choque da Terra com um meteorito de aproximadamente 10 km de diâmetro e que resultou numa cratera de aproximadamente 180 km na península de Yucatán, no México. De acordo com alguns estudos, esse choque teria levantado grande quantidade de vapor e poeira que cobriram a Terra por muitos anos, impedindo a penetração de luz e diminuindo a temperatura. Em compensação, foi nessa Era que surgiram os primeiros mamíferos, semelhantes a ratos. Ela está dividida nos seguintes períodos:

4.2.1. Triássico

Durou de 250 milhões de anos a 200 milhões de anos atrás; nele surgiram os dinossauros e ocorreu a expansão das plantas Gimnospermas, especialmente as coníferas.

4.2.2. Jurássico

Durou de 200 milhões de anos até 145 milhões de anos atrás. Nele, a Pangeia se dividiu por completo, formando a Laurasia, ao norte e o Gondwana, ao sul), sendo que esta última também se divide, originando a África e a América do Sul; nesse período também surgem as aves, os mamíferos marsupiais e as plantas angiospermas, dotadas de flores e frutos.

4.2.3. Cretáceo

Durou de 145 milhões de anos até 65 milhões de anos atrás. Nele, os continentes já se encontravam dispostos de maneira semelhante à conformação atual; ocorreu a extinção dos dinossauros e outros animais de grande porte. Apesar disso, nesse período surgiram os mamíferos placentários, aqueles cujas fêmeas amamentam as crias e alimentam os fetos a partir da placenta e que passaram a dominar o ambiente terrestre.

4.2.4. Era Cenozoica

Iniciou-se cerca de 65 milhões de anos atrás e se estende até os dias atuais. Nela, a superfície da Terra assume sua forma atual, com surgimento dos Alpes, dos Andes, do Himalaia e de outras cadeias de montanhas; a Austrália separou-se completamente da Antártida e as Américas tiveram seus continentes unidos. Antigamente, esta Era esteve dividida em Terciário e Quaternário, no entanto, em 2009, por decisão da Comissão Internacional de Estratigrafia, ela passou a contar com os seguintes períodos e épocas:

Paleógeno (antigo Terciário), estendeu-se de 65 milhões de anos a 23 milhões de anos atrás; compreende as épocas Paleoceno, Eoceno e Oligoceno.

Neógeno (23 a 2,6 milhões de anos atrás), compreendendo as épocas Mioceno e Plioceno.

Quaternário (iniciado há 2,6 milhões de anos), compreendendo as épocas Pleistoceno e Holoceno e no qual surgem e desaparecem as espécies de hominídeos do gênero *Homo* (*H. heidelbergensis, H. habilis, H. ergaster, H. erectus*), culminando com o surgimento do homem moderno, *Homo sapiens sapiens*, entre 200 e 300 mil anos atrás. Há defensores da inclusão do "neandertal" na categoria "humano", como uma subespécie (*Homo sapiens neanderthalenses*), havendo claras evidências de hibridização entre eles, no entanto há outros que consideram estes dois grupos como espécies distintas.

A exemplo do que foi feito com o calendário cósmico, também existe o calendário geológico associado ao calendário anual e com base nisso, é possível perceber que a vida teve origem em 25 de setembro, sendo que os primeiros fósseis (bactérias e algas verde azuladas) só surgiram em 9 de outubro. Conforme didaticamente apresentado por Carl Sagan, os principais grupos de animais só surgiram em dezembro: os primeiros vermes em 16; os peixes, em 19; os anfíbios em 22; os répteis em 23; os dinossauros em 24 (tendo desaparecido em 28); as aves em 27 e os primatas no dia 29.

Nesse calendário fabuloso, somente às 22 h 30 min da noite de 31 de dezembro (há cerca de 2,5 milhões de anos) surgem os macacos hominídeos, e o primeiro homem anatomicamente ereto, semelhante ao moderno (*Homo sapiens*). Isso significa que toda a história humana corresponde apenas aos últimos segundos do ano geológico, sendo a nossa vida individual uma fagulha que dura apenas um piscar de olhos, um mínimo instante.

Dado o enorme impacto que o ser humano vem imprimindo na Terra desde seu aparecimento, mas sobretudo a partir da Revolução Industrial, há cerca de 200 anos, muitas entidades científicas e sociais têm proposto a criação de uma época para a escala da Terra, denominada Antropoceno.

Esse movimento teve início com a hipótese formulada no artigo publicado no ano 2000 pelo *Newsletter*, do International Geosphere-Biosphere Programme (IGBP); pelo Prêmio Nobel de Química Paul Crutzen e pelo limnólogo Eugene Stoermer. Esses autores postulavam que os impactos humanos teriam proporcionado uma força geológica poderosa e capaz de alterar irreversivelmente o futuro do planeta e, por isso, conceituaram o Antropoceno como sendo uma unidade cronoestatigráfica resultante das mudanças ambientais globais acarretadas pela humanidade.

Para vários estudiosos, as principais marcas imprimidas pelo ser humano na Terra são as tecnologias que promovem o aumento da longevidade, comodidades e certas qualidades de vida, mas especialmente os impactos ambientais, entre eles a poluição, a elevação das emissões de CO_2 e outros gases de efeito estufa; o extermínio de espécies e até de ecossistemas. A data mais conveniente para o início desta época caracterizada pelas ações humanas ainda continua em debate, mas já é consensual que o Antropoceno já faz parte do tempo geológico por ter trazido significativas e irreversíveis influências sobre o planeta Terra.

Tempo biológico

Não é o mais forte nem o mais inteligente que sobrevive,
mas o que melhor se adapta à mudança
(Charles Darwin)

A ideia de tempo biológico é muito interessante, pois parece ultrapassar as noções tradicionais da Física, que caracterizam os tempos primitivos por meio de estruturas sem vida, como gases e rochas. A ideia de tempo biológico assume um status distinto, porque parece se fundir com o próprio processo de criação, crescimento e renovação, algo intrinsecamente vinculado aos seres vivos. Em certo sentido, a ideia de tempo biológico parece carregar em si não mais o senso de tempo, mas o senso da biodiversidade e da própria vida.

O organismo vivo marca o tempo por meio de um aparato celular denominado "relógio biológico" e que tem um ciclo normal baseado num período de aproximadamente 24 horas, daí ser também denominado "ritmo circadiano". Ele é de natureza genética e permite uma sincronização balanceada dos ritmos corporais com os ritmos ambientais, geralmente condicionados ao ciclo de claro/escuro, vigília/sono e sucessão estacional.

Em animais, plantas e outros organismos que vivem em baixas latitudes e onde há grandes variações entre as estações do ano, os ritmos também são ajustados pelas alterações climáticas, especialmente na dualidade frio/quente. Por outro lado, muitos organismos que vivem em cavernas ou em grandes profundidades dos mares são completamente adaptados ao escuro e, portanto, não estão condicionados a esse tipo de ritmo, mas certamente a outros, como a pressão hidrostática, a densidade e as forças de empuxo.

O relógio biológico é dotado de um sistema de entrada e saída de neuro-hormônios capazes de provocar reações químicas e atos funcionais ocasionados pelas variações de luz e temperatura. Esse sistema fisiológico, vinculado às mudanças temporais, permite ao organismo antecipar e se preparar de maneira física, fisiológica e comportamental para enfrentar os obstáculos ou facilidades condicionadas pelo ambiente externo.

Nos vertebrados, o tempo biológico é determinado por um "relógio" constituído por um grupo de neurônios denominado Núcleo Supraquiasmático (NSQ), pelo fato de estar localizado logo acima do quiasma óptico, no hipotálamo, uma região do cérebro responsável pelo controle de funções vitais, como fome, sede, respiração, circulação sanguínea, sono e estado de vigília, entre tantos outros. O hipotálamo é considerado o integrador dos sistemas nervoso, endócrino e nervoso.

O relógio biológico é estruturado pela glândula pineal e pela retina, sendo capaz de gerar um ritmo endógeno próprio e passível de sincronização conforme estímulo luminoso e outros sinais sincronizadores internos e externos. Nos vertebrados, esse conjunto de estruturas recebe o impulso luminoso captado do meio ambiente por células ganglionares fotossensíveis as quais o transformam em impulsos nervosos que são conduzidos por nervos retino-hipotalâmicos.

Por meio de estímulos ambientais recebidos pelas células ganglionares e fotossensíveis, o relógio biológico é ativado para o controle da temperatura corporal e liberação de hormônios, que são lançados na corrente sanguínea e levados a tecidos ou órgãos específicos, induzindo seus efeitos circadianos de estímulo ou inibição de atividades. Por outro lado, uma série de tecidos específicos possui células osciladoras autônomas que, apesar de acompanhar os comandos cerebrais, funcionam em seu próprio ritmo. Isso revela uma imensa complexidade orgânica dos seres vivos e de sua fina adaptação com as condições ambientais em que vivem.

A glândula pineal, também denominada *conarium* e epífise cerebral, tem a forma de pinho, está localizada na base do cérebro, entre os dois hemisférios e junto ao tálamo. O filósofo e naturalista René Descartes acreditava que ela seria o ponto de união do corpo com a alma; e a Teosofia a considera como o terceiro olho, relacionado a fenômenos paranormais de clarividência, mediunidade e telepatia. Tendo ou não respaldo científico, tais alusões remetem à importância que essa glândula possui, até mesmo pela etimologia de seu nome, derivado dos termos gregos *epi* = acima, sobre; e *phisis* = natureza; ou seja, algo que é superior às qualidades naturais.

A glândula pineal é constituída por pinealócitos, células caracterizadas por uma organela chamada fita sináptica e considerada como marcador temporal e responsável pela produção de melatonina, um hormônio sinalizador do escuro, uma vez que sua produção é estimulada pela escuridão e inibida pela luz.

Assim, como a sua produção é bastante acentuada nas longas noites de inverno, é comum haver uma involução ou atrofia das gônadas de animais de curto período de gestação, permitindo que eles possam ser favorecidos com a cópula e reprodução no início da primavera, quando as noites começam a ficar mais curtas e os dias mais longos.

Além da função primordial no ciclo de sono e vigília, a melatonina é a principal substância envolvida nos ritmos cardíacos, reações imunológicas e mudanças de cor; tanto de forma abrupta, como na camuflagem ou de forma sazonal, como na troca da pelagem.

Alguns estudiosos consideram esse hormônio um elemento-chave no ritmo circadiano e na saúde humana. Afinal, o ajuste entre os ritmos internos e externos é tão estreito e funcional que uma eventual falha na produção desse hormônio pode provocar sonolência, dor e até abalos no sistema imunológico. Outro caso emblemático de alteração do ritmo biológico é o *jet lag*, um distúrbio caracterizado por cansaço e fraqueza física durante períodos claros e um estado de alerta e de excitação durante a noite, resultante de viagens aéreas muito longas e com fusos horários muito diferentes entre o lugar de chegada e de partida.

A melatonina atua no ajuste do ritmo de sono e vigília, mas também no ajuste de diversos outros ritmos, como o de temperatura, respiração, circulação sanguínea, reprodução e liberação de hormônios, como a citocina, sendo esta uma mediadora e moduladora do sistema imunológico.

Além da melatonina, a glândula pineal também é responsável pela secreção da serotonina, um hormônio neurotransmissor responsável por estabelecer a comunicação entre os neurônios e também regular os ritmos cardíacos e os níveis de sono, apetite, humor e temperatura corporal. Ela ocorre em quase todos os vertebrados, especialmente anfíbios e répteis e está relacionada a um órgão de detecção de luz conhecido como olho parietal ou terceiro olho.

Alguns pesquisadores expandem o sentido comum do termo "circadiano", relativo às variações do dia, para outras variações naturais, como as relativas às marés, estações do ano, fases da lua, ciclos de enchente e vazante e até mesmo para a dinâmica climática da Terra e que envolve as correntes eólicas e marítimas. Estas últimas atingem especialmente os animais migradores, que muitas vezes se deslocam centenas ou milhares de quilômetros para se alimentar, reproduzir ou escapar de condições extremas de clima ou escassez de alimentos.

A retina é uma estrutura localizada no fundo do olho dos vertebrados, sendo revestida de células fotossensíveis, denominadas cones e bastonetes. Observa-se, no entanto, que outros tipos de células fotorreceptoras também são encontrados no encéfalo, na glândula pineal e em outros órgãos, no entanto estas têm vinculação com o ritmo circadiano, e não diretamente com a visão.

O sistema regulador da temporalidade nos vertebrados resulta de uma complexa interação entre fotorreceptores e osciladores, havendo certa hierarquia de comando que começa num oscilador central situado no núcleo supraquiasmático e que se articula com osciladores periféricos, localizados em diferentes órgãos.

Os osciladores periféricos são modulados diretamente pelo NSQ, por meio de um mecanismo neuro-hormonal. A sincronização entre o ritmo biológico e o ciclo ambiental é dada por agentes de arrastamento, conhecidos por *Zeitgebers* (doadores de tempo), sendo o mais evidente o ciclo claro/escuro, e todos caracterizados por algum tipo de pigmento fotossensível, como a rodopsina e outras substâncias do grupo das opsinas, encontradas nos cones e bastonetes da retina.

Alguns estudos mostram que os genes ancestrais das opsinas surgiram provavelmente nos primórdios da vida na Terra, antes do aparecimento do olho e provavelmente antes da separação entre procariontes e eucariontes. Existem centenas de tipos de opsinas, e elas fazem parte de receptores acoplados a proteínas associadas a retinaldeidos e que são sensíveis a diferentes espectros da luz nas faixas do azul, verde e vermelho. O olho humano é capaz de perceber quase toda a gradação entre essas três cores fundamentais e que variam entre 400 e 700 nanômetros de extensão.

Outro dado interessante é que alguns dos genes e proteínas que atuam nos mecanismos do ritmo circadiano são comuns em animais filogeneticamente muito distantes uns dos outros, evidenciando que sua linhagem evolutiva começou milhões de anos atrás num ancestral comum ou então que este caráter tenha surgido em diferentes linhagens ou numa linhagem só, em várias ocasiões, ao longo do processo evolutivo. Como todo material biológico, os "relógios" existentes nos organismos estão submetidos às mesmas pressões evolutivas sofridas pelas espécies nas quais eles ocorrem, uma vez que o alvo evolutivo é a adaptação ao ambiente em constante modificação.

Embora não sirva para definir a natureza do tempo, a alternância entre dia e noite teve e continua tendo um papel determinante na evolução dos seres vivos. Afinal, é por meio dessa alternância que as espécies tiveram condicionados seus modos de vida, os quais também estão condicionados à vida de suas presas e de seus predadores.

É em função dessa alternância entre dia e noite que se desenvolveram os mecanismos adaptativos e os hábitos de vida relativos a atividade/repouso, bem como às migrações alimentares e reprodutivas, à criação dos filhotes e até mesmo à dispersão dos indivíduos. Ou seja, é justamente esse jogo contínuo e regular entre luz e escuridão que condiciona o processo evolutivo da biodiversidade do planeta e até mesmo o processo de cultura das sociedades humanas.

O relógio biológico é um instrumento bioquímico envolvido não apenas com a marcação do tempo quotidiano, aquele que ocorre de forma recorrente ao longo de dias e noites e que condiciona estados de vigilância e sono, mas também com todos os outros eventos da vida e que vão do nascimento à velhice e à morte. Vale dizer que todas as reações bioquímicas e as transformações delas decorrentes seguem o ritmo traçado pelo código genético em combinação com as condições ambientais em que os organismos vivem.

Desde a Antiguidade, o homem vem organizando suas atividades rotineiras com base no ritmo circadiano de claro/escuro e obedecendo ao padrão de trabalho durante o dia e repouso durante a noite.

Na idade moderna, com a invenção da eletricidade e do intenso processo de urbanização e desenvolvimento de indústrias, comércios, hospitais e escritórios que funcionam diuturnamente, o relógio biológico vem sendo confrontado e maltratado, e certamente isso tem provocado muitos transtornos à saúde, alguns deles ainda pouco conhecidos, mas a maioria escamoteada, em nome do crescimento industrial, tecnológico e econômico. Esse é certamente um preço alto que a modernidade vem pagando em nome da produção, da produtividade e do progresso, mas cujas consequências ainda são totalmente imprevisíveis.

Isso significa que, além do processo biológico e ecológico, também o processo social e cultural está fortemente vinculado ao ritmo circadiano, ou seja, à alternância de luz e escuridão. Talvez, de maneira mais pormenorizada, sutil e danosa à saúde e à qualidade de vida, ele também esteja fortemente influenciado pela obsessiva contagem das horas e minutos que regram a vida do homem moderno, verdadeiro escravo do tempo.

Tempo histórico

Não se conhece completamente uma ciência
enquanto não souber da sua história
(Augusto Comte)

O tempo histórico é tratado no âmbito da História, uma das mais antigas áreas do conhecimento humano e cuja missão é o estudo do homem no espaço e no tempo, ou seja, o registro da memória da humanidade, desde seu surgimento até os dias atuais. O objeto do tempo histórico não é a pessoa, individualmente, mas a coletividade, os acontecimentos sociais que desencadeiam transformações significativas nas civilizações e culturas em todo o mundo.

O tempo histórico pertence à humanidade, e por isso é importante vislumbrar o limite que separa o homem de outros seres com os quais compartilha o Planeta. Tal limitação geralmente é feita com base no período em que eles se separaram do ponto de vista genético, biológico e cultural.

Datar o surgimento da humanidade e separar o ser humano dos demais animais sempre foi uma tarefa problemática, porque quase sempre vem acompanhada de preconceito, falso moralismo ou mesmo da absoluta falta de um parâmetro verdadeiramente demarcador ou aceito consensualmente.

No entanto, é largamente aceito o fato de que o surgimento do homem (*Homo sapiens*) é um dos mais importantes eventos evolutivos, que teria ocorrido há cerca de 300 mil anos, quando esta espécie se separou reprodutiva e culturalmente das demais espécies de hominídeos do mesmo gênero e de gêneros afins, como o *Australopithecus* e *Paranthropus*.

Em comparação com os demais hominídeos, a espécie ancestral dos humanos (*Homo erectus*) já tinha um cérebro relativamente grande, porte totalmente ereto e dentes caninos reduzidos. Esta espécie teria surgido há cerca de 2 milhões de anos e já tinha capacidade de fabricar facas e outros objetos a partir de pedra e osso, bem como domesticar o fogo, fato que teria contribuído decisivamente para o processo de humanização, graças aos benefícios competitivos, e que proporcionou, principalmente para a caça noturna, a conservação de alimento e a defesa contra predadores e inimigos.

Para muitos estudiosos, a domesticação do fogo foi a razão principal pela qual o ser humano passou a produzir alimentos, ter controle sobre as forças da natureza e até mesmo se tornar verdadeiramente humano. Daí que o fogo faz parte do mito de todos os povos e se constitui num dos principais elementos estruturantes do processo civilizatório em todas as partes do mundo.

O poder da fala é também uma das características mais notáveis dos hominídeos, e sua origem se deu dezenas de séculos depois da descoberta do fogo e num instante em que o *Homo sapiens* ainda convivia com o *Homo erectus* e os neandertais. A partir de aproximadamente 30 mil anos atrás, o típico homem (*H. sapiens sapiens*) passa a ser o único hominídeo a existir e dominar o mundo, graças ao seu poder revolucionário de cultivar a terra, fundir metais, comunicar-se por signos convencionados e produzir conhecimentos socialmente compartilhados.

A origem do *Homo sapiens* deu-se na África, e dali seus representantes espalharam-se por todo o mundo, num processo contínuo, mas que costuma ser dividido em Pré-História e História, sendo o traço mais distintivo entre ambas a descoberta da escrita. O termo "Pré-História" é bastante utilizado em textos clássicos, desde meados do século 19, no entanto muitos estudiosos criticam essa nomenclatura por entender que todas as sociedades são construtoras de conhecimento e de ações transformadoras, independentemente da arte de escrever. Por causa disso, eles costumam adotar termos alternativos, como "povos ágrafos" ou "pré-letrados".

Como ainda não existia a escrita, a herança cultural desses povos constituía-se em pinturas rupestres, vestígios de utensílios e outras evidências deixadas em rochas e cavernas. Há registro de pinturas com mais de 40 mil anos. No entanto, didaticamente, tem-se adotado que a Pré-História tenha começado com o surgimento do *Homo sapiens* e se estendido até 4 mil a.C., quando os sumérios, na Mesopotâmia, descobriram a escrita sistematizada, em estilo cuneiforme, à base de argila queimada, sendo que esta invenção extraordinária deu início à História. A maioria dos estudiosos divide Pré-história em três períodos distintos, denominados Paleolítico, Neolítico e dos Metais, seguidos da História e suas três subdivisões, conforme a seguir.

1. Período Paleolítico ou Idade da Pedra Lascada

É o mais longo dos períodos, tendo durado de aproximadamente 2,5 milhões de anos, quando surgiram os grandes primatas bípedes, considerados hominídeos (*Homo habilis, H. ergaster, H. erectus, H. sapiens neanderthalenses*), até por volta de 12 mil anos atrás, com o início da agricultura. A maioria dos estudiosos o subdivide em três subperíodos.

1.1. Paleolítico Inferior

O mais longo período do Paleolítico, estendendo-se desde a origem dos hominídeos, há cerca de 2,5 milhões de anos, até cerca de 250 mil anos atrás, quando surgiram os representantes do *Homo sapiens*. Esse período é notabilizado pela descoberta e uso do fogo. Há sérias divergências na literatura quanto à datação do início até o completo controle do fogo, no entanto as principais fontes consultadas indicam que as evidências do seu uso sistematizado remontam há cerca de 1,8 milhão de anos, quando foram encontrados restos de comida cozida. De todo modo, o mais importante é que esta foi uma das mais importantes conquistas humanas e constituiu-se na base de todo o progresso, pois fornece energia, calor, proteção e melhoria considerável na alimentação e qualidade de vida.

1.2. Paleolítico Médio

Estendeu-se de 250 mil até por volta de 50 mil anos atrás e se caracteriza pelas primeiras manifestações religiosas, especialmente nos rituais dos mortos que eram enterrados com vestes e objetos de cerâmica.

1.3. Paleolítico Superior

Estendeu-se de 50 mil até cerca de 12 mil anos atrás, quando se inicia a agricultura, fazendo com que os nômades se fixem em determinadas localidades para cultivar o solo e domesticar alguns animais.

2. Período Neolítico ou da Pedra Polida

É o período que se estendeu de 12 mil a 4 mil anos atrás e, conforme indica o nome, é caracterizado pelo aperfeiçoamento no uso da pedra, passando a ser polida, amolada e com corte bem mais preciso que a simples pedra lascada. Além disso, o período é marcado por avanços consideráveis na agricultura, incluindo técnicas de estocagem de alimentos, criação de animais e substituição de vestimentas pesadas, feitas de couro, por roupas mais leves e cômodas, feitas de lã e algodão. Também nesse período são desenvolvidas técnicas de cerâmica, tecelagem, cestaria, moagem; desenvolvimento da roda e da tração animal, e é inventada a moeda, que facilita a compra, venda e troca de produtos.

Com todas essas ferramentas e técnicas, surgiram as primeiras aldeias, normalmente nas margens ou próximas a rios como Nilo, Tigre, Eufrates, sendo a Mesopotâmia uma das primeiras e maiores aglomerações humanas desse período. Essas mudanças e invenções foram tão significativas que o arqueólogo Gordon Childe designou o Neolítico como período revolucionário dos povos primitivos.

3. Período dos Metais ou Proto-História

Esse período é o mais curto do homem primitivo, estendendo-se de aproximadamente 4 mil a mil anos atrás, no entanto é um dos mais significativos, pois passa do primitivismo para a Antiguidade clássica. Ele se caracteriza pelo aprimoramento nas técnicas de fundição de minérios e fabricação das primeiras ferramentas de metal. O cobre foi o principal minério a ser utilizado, primeiramente em estado natural e depois extraído por fundição de diversas rochas e minerais ricos em carbonatos de cobre. A técnica do cobre fundido coincide com o nascimento das primeiras civilizações, como a dos sumérios e do Egito antigo.

Depois do cobre, o metal mais utilizado pelas antigas civilizações, sobretudo no Egito e na Mesopotâmia, foi o bronze, uma liga de cobre e estanho e que tem a vantagem de maior dureza e durabilidade, além de ter um ponto de fusão mais baixo. Além disso, é um material reciclável, podendo ser fundido várias vezes.

O ferro é um mineral muito abundante na crosta terrestre, mas seu uso começou a ser feito a partir de meteoritos. Seu uso em peças fundidas só ocorreu milhares de anos após o cobre e o bronze. Evidentemente, o ferro não substituiu o cobre ou o bronze, sendo utilizado com estes, ao longo do tempo, mas com finalidades distintas, principalmente vinculadas à agricultura, à navegação, às guerras e às atividades domésticas.

O domínio dos metais deu-se em tempos diferentes para as diversas culturas da época, e nem sempre a sequência desses minerais foi a mesma. Em alguns casos especiais, o domínio de um deles não ocorreu, e assim a transição foi do primeiro ao último, sem passar pelo intermediário.

4. História

A passagem da Pré-História para a História começou há cerca de 4 mil anos, com a descoberta da escrita cuneiforme, feita à base de argila e cunhada por uma ferramenta de metal ou madeira dura, em forma de cunha, de onde advém seu nome. Inicialmente, a escrita consistia em desenhos ou símbolos que representavam os hábitos e os seres; mais tarde, passou a incluir letras, as quais eram escritas da direita para a esquerda. No decorrer de aproximadamente 3 mil anos, esse tipo de escrita foi usado por dezenas de povos, entre eles os persas e os sírios. Além de sua ampla difusão, essa escrita também foi sendo modificada por outras civilizações, como a chinesa e a egípcia.

Esta passagem foi gradual, ou seja, não ocorreu abruptamente nem de forma definitiva. Certamente, muitos humanos que viviam em vilas foram contemporâneos de outros que viviam isoladamente; assim, por exemplo, algumas culturas da Idade da Pedra coexistiram com civilizações que já detinham a escrita, e algumas tribos ágrafas ainda existem em locais ermos do mundo. De qualquer modo, foram os pré-históricos que preparam o terreno e forneceram as condições objetivas para que a História se efetivasse e chegasse até os dias atuais, sempre rejuvenescida.

A História, caracterizada fundamentalmente pelo domínio da escrita, costuma ser dividida nos quatro períodos ou idades seguintes:

4.1. Idade Antiga

Estende-se desde a descoberta da escrita cuneiforme pelos sumérios, até a queda do Império Romano do Ocidente, sob o governo de Rômulo Augusto, em 476 d.C. Nela se desenvolveram e chegaram ao apogeu as civilizações assírias, babilônicas, caldeias, fenícias, persas, hititas (Oriente Médio), egípcias (Nordeste da África), gregas, romanas, cretenses ou minoicas (Europa), hindus (Índia), olmecas, incas, maias e astecas (Américas).

Nesse período foram criadas as primeiras cidades, como Ur, Uruk, Nippur, Eridu, Cartago, Biblos, Ugarit, Sidon, Tiro e Hattusa; surgiram os primeiros códigos penais e de conduta, o alfabeto, os instrumentos de navegação, os sistemas de pesos, medidas, o comércio em larga escala, bem como o uso da roda e avanços significativos na agricultura e navegação.

4.2. Idade Média

Tem como marco inicial a desagregação do Império Romano do Ocidente e sua tomada por povos germânicos, considerados bárbaros, em 476 d.C., e como marco final a tomada de Constantinopla, capital do Império Bizantino, pelos turco-otomanos, em 1453.

Esse período é caracterizado pela formação de novos reinos, com base na estrutura administrativa adquirida dos romanos. O Norte da África e o Oriente Médio, que tinham sido parte do Império Romano do Oriente, tornam-se territórios islâmicos. Nele também ocorreram: a propagação do Cristianismo, do senhorialismo e do feudalismo; a realização das Cruzadas, tentativas dos cristãos em recuperar o domínio sobre os lugares santos no Médio Oriente; o nascimento e a propagação do Islamismo em territórios da Ásia, África e Europa; o florescimento da Escolástica, isto é, uma filosofia conciliadora entre fé e razão; a fundação das primeiras universidades na Europa Ocidental; a edificação de inúmeras catedrais em estilo gótico. Nela surgem personalidades que se notabilizaram nas artes e ofícios, tais como Dante Alighieri, na Poesia; Giotto, na Pintura; Tomás de Aquino, na Filosofia teológica; Marco Polo, nas viagens marítimas e vários outros.

O fim da Baixa Idade Média foi marcado por várias catástrofes, como a peste negra, responsável pela morte de aproximadamente um terço da população europeia entre 1347 e 1350, e guerras religiosas entre Estados.

Alguns historiadores referem-se à Idade Média como Idade das Trevas, sob a alegação de ter havido um retrocesso artístico, intelectual, filosófico e institucional em relação à Antiguidade clássica, da qual foi sucedâneo. Observa-se, no entanto, que essa afirmação vem sendo fortemente contestada, tendo em vista que costuma vir revestida de distorções e até preconceitos criados pelo Iluminismo, considerado período das luzes.

Além do incentivo ao ensino, a Idade Média também se notabilizou por avanços na produção e tecnologia agrícola, como a invenção do moinho, da charrua e de técnicas de adubação e rodízio das terras, desenvolvimento do estilo românico e gótico. Inúmeros temas medievais são usados até hoje em histórias reais ou fictícias, na forma de filmes, jogos e contos. Graças ao isolamento e trabalho efetivo dos monges, houve a preservação da cultura greco-romana, o que possibilitou o surgimento do Renascimento.

4.3. Idade Moderna

Seu marco inicial deu-se em 1453, quando os turco-otomanos se apoderaram de Constantinopla, capital do Império Romano do Oriente, também denominado Bizantino, e estendeu-se até 1789, início da Revolução Francesa.

Esse período abrange o Renascimento, caracterizado por grandes viagens marítimas e descobrimento de continentes, como a de Colombo, que descobriu a América em 1492, e de Vasco da Gama, que descobriu o caminho marítimo para a Índia, em 1498. Nele também ocorreu a aliança do reinado com a burguesia; a invenção da imprensa; a Reforma Protestante e a Contrarreforma católica; a transição do feudalismo para o capitalismo; bem como a expansão das cidades, do comércio e da indústria. Nas Artes, esse período se destaca pelo desenvolvimento do formalismo, com a adoção de novos códigos visuais e o abandono da tradição, vinculada à simples cópia de elementos naturais e sociais bem estabelecidos.

4.4. Idade Contemporânea

Tem como marco inaugural a Revolução Francesa, em 1789, e estende-se até os dias atuais, sendo caracterizada Pelo Iluminismo, rebeliões liberais, expansão do nacionalismo, revolução industrial, explosivo desenvolvimento da tecnociência, florescimento da indústria e do capitalismo. Nela ocorreram a 1.ª e a 2.ª Guerras Mundiais; a criação da Organização das Nações Unidas (ONU); a Guerra Fria entre Estados Unidos e a União das Repúblicas Socialistas Soviéticas (URSS); o surgimento dos regimes totalitários, como nazismo, fascismo, stalinismo, franquismo, salazarismo. Também é caracterizada pela indústria espacial, pelo processo de globalização em todos os setores tecnológicos, culturais e econômicos e pela crise ambiental acarretada pela poluição, extinção de espécies e de hábitats, aumento do aquecimento global e do efeito estufa.

Apesar do pouco tempo de história que o homem tem na Terra, as transformações impostas por ele são imensas, principalmente nos últimos séculos, quando a tecnologia potencializou imensamente seu poder transformador.

Esse breve relato histórico serve para ilustrar que a contagem do tempo teve e continua tendo forte impacto na sociedade, sobretudo na modernidade, em que ele se tornou um instrumento absoluto de aferição e controle de praticamente todas as atividades humanas.

Tempo social

O tempo corre, o tempo é curto; preciso me apressar, mas também viver como se esta minha vida fosse eterna
(Clarice Lispector)

O senso comum lida com vários fenômenos naturais e sociais denotativos da ideia de tempo, especialmente no que diz respeito às relações do homem com seus semelhantes e com o meio em que vive. É exatamente pelo forte viés cultural, vinculado ao senso comum, à linguagem ordinária e às relações interpessoais, que o sociólogo alemão Norbert Elias propõe a categoria "tempo social".

Esse autor traz as questões relativas ao tempo para o campo da sociologia, alegando que as teorias apresentadas sobre ele no campo da Física e demais Ciências naturais se tornaram estéreis, pois todas têm o propósito de substancializá-lo, isto é, conferir a ele a função de um parâmetro dado a priori e independentemente dos acontecimentos e das relações humanas.

Segundo ele, cada sociedade cria suas próprias condições culturais, e por isso cada uma também tem um modo próprio de compreender a natureza, incluindo o tempo. Isso significa que não há um tempo social único; cada sociedade tem seus vários tipos de tempo, pelos quais articula, dá ritmo, coordena e avalia as atividades coletivas.

Elias confronta algumas sociedades indígenas, para as quais o tempo não tem nenhuma importância, com as sociedades modernas, para as quais o tempo tem uma importância vital, sobretudo nas sociedades capitalistas, em que o tempo é considerado uma verdadeira mercadoria ou moeda de troca.

Ele fundamenta sua tese no fato de que o homem é um ser cultural. Assim, no processo do seu desenvolvimento e complexificação, passou a considerar o tempo como referência e métrica das atividades vinculadas à escola, ao escritório, à indústria, ao comércio e a vários outros produtos, processos e serviços.

Como elemento cultural, o tempo resulta de convenções e consensos, e é exatamente isso que lhe confere tanta legitimidade quanto aquela resultante da intuição ou da racionalidade empregadas nos campos da Filosofia e das ciências naturais.

Segundo Elias, o tempo é símbolo de uma relação que o ser humano estabelece entre dois ou mais processos, entre os quais um é tomado como referência ou medida dos outros. Ou seja, tempo é, em primeiro lugar, um marco que serve aos membros de um determinado grupo (e, por extensão, toda a humanidade), para estabelecer padrões e sequência de eventos. Assim, o tempo não passa de mera convenção, a fim de que a convivência humana seja funcional e ordenada.

Para ele, depois de centenas de anos de estudos, muitos filósofos e físicos acabaram consolidando o equívoco de que o tempo é uma entidade física universal ou uma entidade psíquica individual, quando na verdade não passa de uma entidade puramente simbólica, criada culturalmente. Assim, como símbolo, o tempo é uma abstração que adquire sentido próprio conforme as distintas épocas e estilos de sociedades, mas sempre mantendo sua função organizadora.

Por se tratar de um elemento simbólico, o tempo deve ser encarado como os demais elementos da cultura que assumem uma forma de vida independente e passam a ser considerados como um dado real da existência, ou seja, uma categoria inata ou evidente por si mesma. É justamente por isso que o tempo deixa de ser um conceito e passa a ser uma construção do homem para se estruturar em sociedade e se situar no mundo.

Uma vez estabelecido o tempo social, surge a ideia de idade social, a qual é vinculada aos hábitos promovidos por comunidades ou grupos de pessoas e que se destinam ao preenchimento dos papéis sociais convencionados e respaldados socialmente. Assim, um indivíduo pode ser considerado mais velho ou mais jovem, dependendo de como ele se comporta dentro de certas expectativas ou padrões sociais estabelecidos. Ou seja, a medida da idade passa a ser feita não apenas na contagem de anos, mas principalmente na performance individual no âmbito de determinadas estruturas sociais e que são expressas pelo tipo de pele, linguagem, gestos, vestimentas e outros parâmetros.

Nesse contexto, ao lado do papel esperado para o jovem, quase sempre revestido de beleza, movimento e descontração, o papel esperado para o velho é quase sempre revestido do senso de decrepitude, quietude e reflexão. De fato, a experiência do envelhecimento pode variar bastante de um indivíduo para outro e até de uma sociedade para outra, no entanto as estruturas de percepção e aceitação coletiva são comuns, uma vez que elas são respaldadas pelas mudanças e pelos condicionamentos biofísicos.

Segundo Elias, o relógio e o calendário são os símbolos mais marcantes e evidentes da concepção do tempo como elemento cultural. Eles estão tão umbilicalmente incorporados no mundo simbólico que se constituem em orientação segura, inquestionável e quase necessária para todas as atividades exercidas pelos seres humanos. Como ele bem disse, "em um mundo sem homens e seres vivos, não haveria tempo e, portanto, tampouco relógios ou calendários".

O calendário não é uma unidade natural, no entanto ele desempenha papel tão relevante na vida dos seres humanos que alguns autores chegam a associá-lo a um determinado tipo de tempo, denominado "tempo-calendário", muito imbricado com o tempo histórico, já que ambos trabalham com o sentido de datação.

A ideia de tempo social também se assemelha muito à ideia de tempo psicológico, no entanto difere pelo fato do primeiro ser fundamentado no consenso e na vivência coletiva, enquanto este último se fundamentar na mente ou consciência da pessoa. No entanto, ambas as ideias têm um caráter coercitivo, pois acabam moldando o comportamento, os hábitos e os costumes e influenciando até mesmo o processo educativo.

A ideia de tempo social não é tão difundida como as de tempo cósmico, geológico, biológico e histórico, e isso certamente decorre do fato de ser essa uma ideia relativamente recente no universo acadêmico, no entanto, ela se mostra muito coerente, porque lida com fatos da realidade social. Nesse caso, ela apresenta o mesmo status epistemológico e merece a mesma consideração atribuída às demais formas de tempo.

Parece haver, para o ser humano, uma necessidade prática e ontológica de vivenciar o tempo presente, como se esse fosse a única dimensão do real. No entanto, é importante ter consciência de que aquilo que usualmente se considera presente não passa de um momento tão passageiro que quando resolvemos analisar já se encontra no passado.

Assim sendo, o presente não se mostra mais efetivo e útil do que o passado que lhe sucedeu ou do futuro que ainda há de lhe suceder. Isso leva à conclusão de que a relevância do tempo social (e do tempo em geral) não está na sua denominação ou conceito, mas na sua vivência, na sua temporalidade real e que abriga todas as dimensões temporais que se irmanam para compor o tecido social do qual elas também fazem parte.

Tempo pessoal

Apressa-te a viver bem, lembrando que cada dia é,
por si só, uma vida
(Sêneca).

Tempo pessoal é uma particularidade do tempo social. Como o próprio nome sugere, ele não trata das sociedades ou multidões, mas da individualidade, da pessoa, Além disso, ele não se refere às datações, mas aos fatos, coisas e fenômenos que a pessoa experimenta no decorrer da sua vida. O tempo pessoal não tem caráter quantitativo, mas qualitativo; ele não diz respeito à consciência coletiva, mas à consciência particular de cada pessoa. Em certo sentido, ele é relativo, mas também absoluto. Relativo, porque varia de pessoa para pessoa e até mesmo numa mesma pessoa, conforme seu estado de espírito num determinado momento. Absoluto, porque, em conjunto e ao longo de toda a existência, cada pessoa tem seu tempo próprio, único e irrepetível.

Nas áreas médicas e jurídicas, o tempo pessoal geralmente é tratado como vivências relativas às distintas fases ou ciclos da vida, incluindo infância, puberdade, juventude e velhice. Nas áreas acadêmicas, geralmente é tratado como período de preparação para a posse e uso do conhecimento teórico e prático. Nas áreas administrativas, ele geralmente é tratado como instrumento de planejamento, gestão e gerenciamento profissional e nas áreas da religiosidade é geralmente tratado como meio de vivenciar as virtudes e preparar para a entrada no céu. No entanto, o tempo pessoal é a junção de tudo isso e ainda mais, pois se trata da pessoa integral, em sua total plenitude.

O tempo pessoal está inserido nas demais formas de tempo (cósmico, biológico, histórico, social) e também é irreversível, como todos os demais, entretanto tem algo de particular: seu substrato funcional não pertence ao ambiente externo, mas somente ao interno, isto é, a consciência, considerada como o conjunto de capacidades cognitivas formadas pela sensibilidade, sentimento, pensamento, raciocínio, opinião e livre arbítrio. Isso significa que o tempo pessoal se confunde com a identidade da própria pessoa.

O tempo pessoal não tem medida exata; quando muito, há estimativas de sua duração e quem as faz é o próprio individuo, ainda que haja turbilhões de ingerências, sugestões e julgamentos alheios. A estimativa não é feita pela contagem dos anos vividos, mas pela percepção e memória dos acontecimentos.

Na área da Psicologia, especialmente na Neurociência cognitiva, costuma-se trabalhar com a ideia de "cronestesia", definida como uma forma de consciência que permite aos indivíduos pensar sobre o tempo pessoal em que vivem e que lhes permite "viajar mentalmente".

Embora se admita que a "viagem mental no tempo" possa envolver uma pré-experiência de eventos futuros, isso parece não ser corroborado pelas principais correntes psicológicas modernas. Ou seja, mesmo que alguns fatos ou situações sejam previsíveis, o futuro permanece sempre indeterminado, em aberto para todo tipo de possibilidade. A única certeza é a morte, sendo que a percepção e a reação à sua proximidade também tem caráter individual.

Muitas pessoas parecem confundir Tempo pessoal com tempo livre, isto é, aquele dedicado ao repouso, festa, lazer e turismo. Outras, o associam ao momento propício à reflexão, à busca de novas oportunidades e ao aperfeiçoamento cultural e moral. Ainda outras associam o tempo pessoal ao planejamento de atividades que possam potencializar sua produtividade, isto é, ganhar mais trabalhando menos. De todo modo, tempo pessoal envolve o tempo livre, o tempo ocupado e o tempo sonhado. Um só tempo para uma só existência, já que o tempo pessoal jamais é transferível de uma pessoa par outra, mesmo quando elas se encontram plenamente vinculadas por laços de afetividade ou experiências comuns.

Uma das grandes questões relativas ao tempo pessoal é o impasse criado pela vivência pessoal em conformidade com as regras sociais. Nesse caso, é quase sempre forçoso "negociar" os valores íntimos com os valores coletivos. Diante dessa situação desconfortável e geralmente conflituosa, é comum haver uma entrega forçada, revolta ou alienação. Evidentemente, diante de um impasse desta natureza é normal que surjam sérios problemas psicológicos ou que fiquem marcas profundas no indivíduo que enfrenta este tipo de problema ao longo de anos ou décadas.

Como se pode desprender dessas situações, o tempo pessoal é um tema atual e de grande interesse para a Psicologia, Administração, Economia e para a sociedade em geral, pois a pessoa vem sendo considerada cada vez mais como "recurso" a ser explorado ao máximo, tendo como regra de ouro a produtividade.

Aumento de produtividade não pode nem deve ser confundido com a pressa; esta, aliás, geralmente está associada a transtornos psicossomáticos como ansiedade, depressão, estresse ocupacional, síndrome do pânico e vários outros. Assim, o combate à pressa é importante não somente para a manutenção da saúde e qualidade de vida, mas também para a manutenção dos bons níveis de produção e do equilíbrio entre custo e benefício.

A melhor maneira de combater a pressa é fomentar a calma. O filósofo e filólogo Nietzsche, enfatiza isso em seu livro Aurora e suas conferências "sobre o futuro de nossos estabelecimentos de ensino". Ele afirma didaticamente que "o leitor de quem espero algo [...] "deve ser calmo e ler sem pressa". [...]. O livro está destinado aos homens que ainda não caíram na pressa vertiginosa de nossa época rodopiante e que não sentem um prazer idólatra em ser esmagados por suas rodas. Portanto, para poucos homens! A filologia é efetivamente essa arte venerável que exige, antes de tudo, uma coisa: afastar-se, dar-se tempo, tornar-se silencioso, tornar-se lento, como um conhecimento de ourives aplicado à palavra, que tem de fazer seu trabalho fino e cuidadoso e nada alcança se não alcança lentamente. É precisamente nisso que ela é hoje mais necessária do que nunca, é justamente nisso que ela nos atrai e nos encanta no mais alto grau".

A combinação de produtividade com calma talvez esteja bem representada na ideia de ócio criativo, proposto pelo sociólogo e escritor italiano Domenico de Masi. Ele critica veementemente o moderno sistema capitalista, para o qual o trabalho e a produtividade são colocados nos patamares mais elevados, enquanto o lazer é colocado em situação subalterna ou mesmo menosprezado. Dizia ele: " não entendo que ócio criativo seja o ato de não fazer nada e muito menos preguiça; ele é a plenitude do indivíduo integral e capaz de conciliar 3 coisas fundamentais em suas atividades: o trabalho, com o qual criamos a riqueza; o estudo, com o qual criamos o conhecimento e o lazer, com o qual criamos o bem-estar, a alegria de viver".

O tempo pessoal é exclusivo da pessoa, mas é evidente que ele deva ser harmonizado com o tempo social e os demais tipos de tempo, uma vez que o ser humano é um ser comunitário e além disso ontologicamente vinculado a todos os demais seres da Terra. Talvez ainda mais importante seja o fato de que o tempo pessoal deva ser usado com extrema responsabilidade e zelo, pois ele é o verdadeiro substrato da nossa existência, incluindo pensamentos, atos e sonhos.

O tempo pessoal não é moeda de troca nem qualquer riqueza que possa ser estocada para ser usada no futuro. Ele é a disponibilidade de nossa existência, a possibilidade concreta, intransferível e inadiável para as realizações mais engrandecedoras e plenas. Assim, ele deve ser utilizado com entusiasmo, sabedoria e prudência.

O tempo pessoal não costuma figurar na literatura acadêmica como uma categoria especial de tempo, no entanto, proponho que isso seja feito, pois a pessoa é o elemento basilar da sociedade e da cultura e é nela e por ela que se iniciam as grandes revoluções no campo das ideias, conceitos e modos de viver.

MEMÓRIA

O que a memória ama, fica eterno
(Adélia Prado)

A memória vem sendo analisada desde os mitos gregos, quando a ela foi atribuída uma divindade titânide denominada Mnemosine, descendente de Urano, deus personificado pelo céu, e de Gaia, deusa personificada pela Terra. Diz a lenda que Mnemosine apaixonou-se por Zeus, o deus dos deuses, tendo passado com ele nove dias consecutivos e daí gerado nove musas, também conhecidas como "filhas da memória" e "protetoras das artes, letras e ciências".

Acompanhadas pela lira de Apolo, também filho de Zeus, as musas cantavam o presente, o passado e o futuro da humanidade, daí que Mnemosine é considerada a protetora dos historiadores e dos artistas, a quem era dado o dom de uma vida mais longa que aquela dos indivíduos comuns e de voltar ao passado para fazê-lo conhecido pela coletividade. A deusa também era considerada escudeira do tempo, impedindo que a lembrança dos feitos humanos fosse destruída.

Uma das primeiras análises sobre a memória foi feita pelo filósofo francês René Descartes, ao conceber o homem como uma criatura formada pela matéria (*res extensa*) em combinação com uma substância pensante (*res cogitans*). Generalizando essa assertiva, pode-se concluir que esse pensador concebia toda a realidade como sendo dualista, formada por elementos concretos e abstratos. Descartes reafirma a dualidade humana com sua célebre frase "Cogito, ergo sum", isto é: "Penso, logo existo". Ora, se é a consciência de si (*cogito*) que confere certeza à existência do sujeito (*ergo sum*), é lógico conceber a mente como uma instância própria da consciência. Nesse caso, fica evidente que não existe consciência sem memória, pois sem esta a consciência se perde logo após seu surgimento.

Se, para Descartes, a consciência é uma substância pura e pensante, para muitos outros pensadores, principalmente os adeptos da Fenomenologia, ela só é consciência quando relacionada ou atrelada a um determinado corpo material. Ou seja, consciência só é de fato consciência quando se abstém ou nega sua pureza para posicionar-se conjuntamente ao objeto intencionado. Considerando o tempo como objeto, a consciência do tempo seria o próprio tempo atrelado a ela, não importando tratar-se de elemento estruturante ou simples abstração.

A memória refere-se tanto ao conteúdo da informação, retido no sistema de armazenamento, como também ao próprio sistema armazenador, contido na mente. Talvez por causa disso, os estudos modernos sobre a memória sejam desenvolvidos em duas instâncias distintas, embora complementares: de um lado, a instância dos neurologistas, biologistas e bioquímicos, interessados nas porções materiais e na fisiologia cerebral; de outro lado, a instância dos psicólogos cognitivos, interessados nas representações dos conteúdos mentais e que envolvem a linguagem, o pensamento e as emoções. Também se soma a isso a instância dos filósofos interessados na integração dessas e das instâncias correlatas.

Segundo o neurocientista argentino e naturalizado brasileiro Ivan Izquierdo, a capacidade de adquirir, armazenar e evocar informações está associada a muitas áreas ou subsistemas cerebrais, não sendo função exclusiva de nenhuma delas. Isso significa que a memória é operada por meio de um intrincado processo de interações neurais. Significa também que a memória não é explicável por um único ou determinado sistema, mas por um conjunto complexo de sistemas e que não são redutíveis a fenômenos puramente celulares, biofísicos ou bioquímicos, e muito menos a modelos computacionais.

Por meio de observações de lesões nervosas e também de aplicação de drogas e outras substâncias, a ciência vem tentando, há décadas, determinar a exata localização e os mecanismos de ação da memória. No entanto, a maioria dos estudos tem mostrado que o sistema límbico, formado pelo hipocampo, amígdala e suas conexões com o hipotálamo, o tálamo e área pré-frontal do cérebro desempenham papel preponderante. Além da memória, o sistema límbico está associado aos comportamentos sexuais e emocionais, incluindo a motivação e capacidade de aprendizagem. Isso indica que ele tanto estimula quanto pode ser estimulado.

Segundo Bergson, há dois tipos de memória: uma é corporal, formada por articulação de mecanismos motores ou hábitos e que, se for estimulada, produz uma repetição mecânica daquilo que foi aprendido. Exemplo disso ocorre quando dirigimos um carro, tocamos um instrumento ou andamos de bicicleta; todos os movimentos se desenvolvem mecânica e inconscientemente; nesse caso, o corpo parece conduzir o processo. O outro tipo é a memória pura ou espiritual, que é solicitada em todas as situações em que nos lembramos de algo explicitamente colocado; por exemplo, quando alguém indaga o nome de nossos pais ou quando nos esforçamos para lembrar o número de telefone de um amigo.

A memória, em si mesma, é pouco conhecida, mas existem alguns atributos bem conhecidos dos quais se podem extrair alguns axiomas. Por exemplo: como a memória é constituída pelo armazenamento e evocação de informações adquiridas por meio de aprendizado e de experiências físicas e psíquicas, ela não pode ser inventada ou projetada no futuro.

Como há imensas variedades de experiências vividas, também deve haver diferentes variedades de memórias. Pelo fato de inúmeras experiências vividas serem esquecidas, o número das experiências certamente é sempre maior que o número de memórias adquiridas. A memória humana está sempre se reinventando; assim, toda vez que nos lembramos de alguma coisa, essa lembrança se modifica, indicando que a memória vai se atualizando conforme as novas experiências.

Há pensadores menos materialistas, a exemplo de Sartre, que consideram a "res cogitans" não como substância, mas como relação interna da consciência com seu objeto pensado ou intencionado. Nesse caso, para se dar a determinado objeto (ou, inversamente, para que determinado objeto se dê ao sujeito), a consciência deve ser capaz de ser presença para si, no ato a que se pode denominar de autorreflexividade.

Quase todas as referências sobre o tempo e a consciência acabam coincidindo com o conceito de memória, indicando que esses três elementos são similares e operam num mesmo nível. Talvez não fosse exagero afirmar que a memória humana seja o centro da consciência, porque ela é o registro do sentido de duração. Assim, o que permeia a relação da consciência com os objetos, incluindo a temporalidade e o próprio tempo, é ela mesma. Ou seja, a consciência do tempo é o tempo que nela existe e nada mais.

Essa é a razão pela qual alguns objetos/fatos permanecem na consciência, em forma de memória ou saudade, mesmo quando ocorreram num passado remoto e nunca mais voltaram a ocorrer. De mesmo modo, essa também é a razão pela qual alguns outros objetos/fatos se mostram à consciência, mesmo quando ainda nem surgiram, sendo apenas imaginados, pois a imaginação também cria existências reais.

Evidentemente, há diferença significativa entre presente, passado e futuro, porque no primeiro o sujeito pode agir, enquanto não pode fazer o mesmo nos demais "tempos". No entanto, a consciência é capaz de conservar aquilo que foi e imaginar o que será. Daí que alguns estudiosos, como Sartre, costumam distinguir o ser-em-si de ser-para-si, sendo o primeiro a essência ou identidade material e definidora de um objeto, coisa ou fenômeno, e o segundo a consciência imaterial de si mesma e das relações que mantém com os outros seres. Nesse esquema, o ser humano é especial, pois é formado por um dualismo psicofísico indissociável, composto por corpo e consciência.

A linha de contato entre consciência e memória foi bem pontuada nos verbetes ser-aí e ser-para-si, de Heidegger. Segundo esse filósofo alemão, ser-aí é o que somos, em termos de existência própria; somente ele "existe" de fato, porque existir (*ex-istere*) é aquilo que se projeta, dando vazão e realidade a suas potencialidades e possibilidades. Ou seja, para existir, é necessário lançar-se para fora de si e com isso realizar-se em contato com os outros e daí transcender-se. Isso significa que apenas o ser-aí existe; os outros seres não existem, apenas são. Assim, é no campo do ser-aí e no ser-para-si que a existência se desenvolve como um todo.

Se a realidade do ser-em-si está na sua consciência ou memória, é lógico supor que o passado é tão ou mais importante que o presente e o futuro, pois foi nele que as experiências ocorreram. Isso significa que o passado não é vazio, mas repleto de vivências efetivas, duradouras e que determinam toda a história de vida do sujeito. Ou seja, em vez de estar perdido na ausência, o passado faz parte do campo da presença efetiva do em-si e para-si. Nesse sentido, a relação do tempo com a consciência não é apenas física ou psicológica, mas ontológica.

O verdadeiro sentido da memória é perceber que algo ou alguém permanece presente, mesmo quando ausente fisicamente, ou que continua vivo nas lembranças, mesmo quando já deixou de existir neste mundo. Sentido ainda mais nobre da memória é quando ela vem revestida de amor e afeto, porque aí tudo se torna vivo e emocionante, mesmo diante da solidão e da ausência completa do ser amado. Nesse caso, o tempo pode produzir em nós marcas profundas, sendo estas (tempo e marcas) a mesma coisa, a eterna união de nossos pensamentos com a matéria que constitui nosso corpo e provavelmente também a nossa mente.

Nesse sentido, não deve importar tanto a medida do tempo, mas sim a temporalidade e as obras nela realizadas, pois são estas que permanecem na memória dos vivos, ao longo das gerações. São essas obras que garantem a sobrevivência para além da morte, mesmo que isso seja uma vitória parcial sobre o tempo destruidor. Afinal, são os mortos que fazem a história; os vivos simplesmente a repetem ou a redirecionam.

A temporalidade ou duração dos seres não é função do tempo, mas dos códigos genéticos embutidos em sua materialidade. Todas as entidades vivas foram criadas para atender a determinadas funções e de acordo com ciclos previamente estabelecidos. Assim, por exemplo, a lagarta desenvolve suas funções vitais com o objetivo de se transformar em pupa, e esta, em borboleta ou mariposa, tudo determinado por processos evolutivos que desencadeiam suas sequências e seus ritmos.

A história é composta por fatos, invenções, descobertas ou ideias revolucionárias, mas também por ideias que se repetem à exaustão. Ela está intrinsecamente vinculada ao que os humanos vivenciaram como espécie e como indivíduos. Assim, por exemplo, um lugar recentemente descoberto ou em que vivem poucas pessoas tem normalmente uma história mais simples que um lugar muito antigo ou habitado por uma grande multidão. De qualquer modo, o tempo da história é uma forma especial do tempo humano.

É importante assinalar que história não é tempo, da mesma forma que tempo não é história. Ou seja, história não é o estudo do passado, em si, mas das pessoas, dos seres e das coisas que viveram nessa temporalidade. Assim, o tempo isolado ou desvinculado desses entes e de suas interconexões não é o objeto primordial da História. Aliás, o tempo como elemento isolado e independente das percepções humanas só existe mesmo nas equações da Matemática e da Física.

Nesses termos, também se pode afirmar que a existência do homem e das instituições não depende do tempo, mas da temporalidade e da sucessão de eventos que a vida — na sua sagrada capacidade criativa e de resiliência — determina para cada célula, tecido, órgão, organismo, espécie, ecossistemas; e também para instituições sociais, a sociedade e a humanidade como um todo. Nem mesmo o universo escapa desta trama.

Tendo isso em mente, parece um contrassenso configurar a temporalidade em função de um tempo quantificado arbitrariamente pela cultura ou conjunto de acontecimentos físicos, biológicos ou históricos. A configuração dos seres é determinada pela natureza, no seu próprio processo de construções e desconstruções; pela alternância dos ciclos; pela manutenção de seu equilíbrio dinâmico e que inclui ganho e perda, vida e morte.

No seu todo, a História é um jogo aberto de fatos que determinam momentos de paz e de guerra, de contentamento e de aflição. A História é o retrato ampliado da condição humana. De maneira similar, mas em nível individual, a memória é a retenção e a evocação de seres e fatos passados, mas que continuam presentes em nossa consciência, fazendo parte de nós, talvez sendo nossa própria subjetividade.

Na vida humana, a memória parece constituir-se na antítese do tempo, pois enquanto este se esvai, reduzindo inelutavelmente as forças e fazendo aparecer as rugas e os cabelos brancos, a memória continua guardando caprichosamente nossos atos mais significativos e nossos amores mais preciosos; daí que trazê-los à tona é sempre um momento de renovada emoção. O homem não é ser do tempo, mas das ações, dos afetos e da memória.

TEMPO & PERCEPÇÃO HUMANA

Tudo vale a pena quando a alma não é pequena
(Fernando Pessoa)

O tempo comporta uma enorme diversidade de significados ou sentidos, todos eles indicativos de inúmeros aspectos da percepção humana, tanto em nível individual como coletivo. Assim, por exemplo, ele é utilizado no sentido de:

1. Início de uma era, civilização ou etapa de vida, como "naqueles tempos...".
2. Ajuste ou desajuste a certas circunstâncias, como "na minha época isso não era permitido".
3. Momento fixado em relação a um evento, como "chegar a tempo".
4. Momento propício para determinada ação, como "chegou na hora certa".
5. Momento de produção de determinado recurso natural, como "tempo do peixe ovado".
6. Momento de abundância ou conquistas, como "tempo de vacas gordas".
7. Época de movimentação intensa de animais, como "época da migração das andorinhas".
8. Época dos atos cívicos e litúrgicos, como "época de férias; tempo de jejum e orações".
9. Disponibilidade ou indisponibilidade para determinadas tarefas, como "não tenho mais tempo para este tipo de coisas".
10. Agente de consolo, justiça ou precaução, como "necessidade de dar tempo ao tempo".
11. Momento de prestar contas ou partir desta vida, como "a hora dele chegou".
12. Situação em que certas pessoas parecem não progredir e ficar na mesmice, como "aquele cara ficou parado no tempo".

13. Fase da vida em que certos sentimentos afloram ou são permitidos socialmente, como "já é tempo de namorar e casar".
14. Condição climática, como "tempo úmido e seco".
15. Compasso musical, como "cantar no tempo certo".
16. Expressões temporais do tipo "seja breve", "logo mais chego aí", "mais tarde visito você", "aqui só chove de tempos em tempos".
17. Forma verbal indicativa de uma ação que já ocorreu (passado), está ocorrendo (presente) ou ainda vai ocorrer (futuro).

Além disso, há certas palavras e frases que se tornaram lugar-comum, por exemplo: dar, receber, ganhar, tomar ou perder tempo; viver o presente; fugir do passado, sonhar com o futuro e estar sempre atento ao tempo que nos resta. Todas elas se fundamentam nas ideias de algo que se movimenta, aparece, passa, altera, modifica, acarreta riscos e traz oportunidades.

Diante de tantas situações denotativas de tempo, fica sumamente difícil emitir um conceito preciso sobre ele e também prescindir de seu significado na linguagem ordinária. Também por isso, ele é tão amplamente debatido. De todo modo, talvez a melhor maneira de entender o tempo é prestar atenção nele nos atos quotidianos; vale dizer, vivenciá-lo íntima e intensamente.

Nietzsche apresenta um postulado muito original e entusiasmante sobre a maneira ideal de vivenciar o tempo. Tal postulado é denominado por ele de "eterno retorno" e aparece em várias de suas obras, mas de modo especial em *A gaia ciência* e *em O nascimento da tragédia*. Ele próprio considerava essa sua ideia como "a mais científica de todas as hipóteses possíveis", e como "a fórmula suprema de afirmação a que se pode chegar". Seu texto aparece na forma condicional, interjetiva e metafórica, nos seguintes termos:

> [...] "E se um dia ou uma noite um demônio se esgueirasse em tua mais solitária solidão e te dissesse: - Esta vida, assim como tu a vives agora e como a viveste, terás de vivê-la ainda uma vez e ainda inúmeras vezes; e não haverá nela nada de novo, cada dor e cada prazer e cada pensamento e suspiro e tudo o que há de indizivelmente pequeno e de grande em tua vida há de retornar, e tudo na mesma ordem e sequência - e do mesmo modo esta aranha e este luar entre as árvores, e do mesmo modo este instante e eu próprio. A eterna ampulheta da existência será sempre virada outra vez - e tu com ela, poeirinha da poeira, não te lançarias ao chão e rangerias os dentes e amaldiçoarias o demônio que te falaste assim?

> Ou viveste alguma vez um instante descomunal, em que responderias: Tu és um deus, e nunca ouvi nada mais divino! Se esse pensamento adquirisse poder sobre ti, assim como tu és, ele te transformaria e talvez te triturasse; a pergunta, diante de tudo e de cada coisa: Quero isto ainda uma vez e ainda inúmeras vezes» (Nietzsche, o nascimento da tragédia).

Essa hipótese, também considerada como doutrina, tem sido interpretada de modos diferentes por vários analistas. Alguns a consideram como tendo perfil cosmológico; outros, como perfil metafísico; e outros ainda, como perfil psicológico ou mesmo como uma Filosofia da História, mas a maioria dos estudiosos modernos considera que Nietzsche teria encontrado na ideia do eterno retorno a afirmação integral da existência com todas as suas variações de alegrias e sofrimentos. Ou seja, ele está interessado em saber quem está em condições de dizer que viveu plenamente a ponto de desejar que tudo aquilo que foi vivido se repita numa série infindável de vezes.

Ao lançar duas perguntas mutuamente excludentes: - "não te lançarias ao chão e rangerias os dentes e amaldiçoarias o demônio que te falasse assim?" e "viveste alguma vez um instante descomunal, em que responderias que tu és um deus, e nunca ouvi nada mais divino?" - Nietzsche está apresentando um dilema crucial a ser enfrentado, uma decisão definitiva a ser tomada. Fica implícito que é preciso decidir sobre o futuro que se deseja, mediante uma postura diante da vida. Assim, uma vez tomada a decisão, é imperativo seguir, custe o que custar, pois o custo é exatamente a prova da paixão pela vida.

Ao propor o eterno retorno, Nietzsche expõe-nos o maior dilema existencial e ao qual devemos responder afirmativa ou negativamente. O desafio representa não uma alternativa moralista, mas um profundo e generoso convite para a afirmação da vida, mesmo quando ela está salpicada de erros e sofrimentos. O convite vem acompanhado de uma pergunta abismal: "és suficientemente forte para suportares tua vida e ao final poderes dizer que ela valeu a pena, que foi a melhor maneira de passar por este mundo e desejá-lo mais uma vez e sempre?".

Aqui também se destaca a figura do homem como instrumento da vida, como criador de valores e produtor de sentido. Certamente é por isso que Nietzsche diz: "Eu prometo uma era trágica: a arte suprema do dizer Sim à vida". Isso significa que a irreversibilidade do tempo não deve ser concebida como repetição do mesmo ou condução ao fim da linha, mas como permanente abertura para o diferente, prenhe de novas e vigorosas oportunidades.

Também serve de alerta para se viver de tal maneira que cada instante vivido seja afirmado incondicionalmente, aproveitado como se fosse o único e desejado que retorne infinitas vezes. Afinal, é isso que precisa ser inserido em cada instante vivido; ele deve trazer e representar o selo da eternidade.

A ideia nietzschiana do eterno retorno e a necessidade suprema de se viver cada momento como se fora o único também foram expressas pelo filósofo Epicuro, na carta enviada a Idomeneu e a outros discípulos e quando já se encontrava no leito de morte: "Escrevo-vos esta carta ao terminar o dia venturoso da minha vida. Continuam os sofrimentos, devidos à necessidade de urinar e às dores disentéricas, cuja força não pode mais ser ultrapassada. No entanto, tudo isso é compensado, na minha alma, pelo prazer das recordações de tudo que conheci e vivi".

As implicações do eterno retorno levam diretamente a outro conceito muito importante na obra de Nietzsche, que ele denomina amor ao destino (do latim, *amor fati*). Nele, o autor ressalta a necessidade de plena aceitação da imanência, sem nenhum apelo às divindades, pois estas devem estar mortas para que aquele sentimento aflore com todo o vigor. Somente pensando e agindo dessa maneira é que se pode tornar leve o mais pesado dos pesos. Somente assim, mesmo não havendo nada além dessa existência, há de se concluir que somente ela merece ser vivida com amor e total entrega. Somente afirmando o glorioso "eu quis assim" é que se supera o entedioso "foi assim". Essa é a afirmação da existência a que Nietzsche nos convida a colocar em marcha e seguir até o fim.

Que fique bem claro: o *amor fati* nietzschiano não é passividade, covardia ou resignação. Muito ao contrário, é pura vontade de potência, a que todos devemos almejar e colocar em prática, a fim de que o homem velho que habita em nós se liberte e se torne um ente superior, mais forte e melhor. Afirmar o destino significa afirmar com positividade tudo aquilo que tinha que ser, lembrando que combater os negadores dessas verdades é também uma prova de afirmação.

Evidentemente, não se trata de combate brutal, mas do embate vibrante no jogo da razão; uma estratégia de dizer sim cada vez mais alto, mesmo que às vezes se torne imperioso afirmar isso com toda modéstia. No entanto, é fundamental que se diga, pois o silêncio de quem sabe geralmente é mais danoso que o grito de quem desconhece ou opta pela ignorância. É preciso proclamar a verdade, para se viver bem.

Viver bem não significa ser egoísta, imediatista ou apegado ao presente, mas ter respeito a todos os seres e apreço a todas as formas de vida, mesmo quando elas nos parecem inertes ou mortas. Significa também amor e respeito a todas as formas de tempo que enfrentamos: ao passado, pois ali ficam nossas ações e impressões e são elas que dão suporte ao que aprendemos e conquistamos. Ao futuro, pois é nele que habitam as possibilidades e oportunidades de novas realizações, sendo estas quase sempre o reflexo e as consequências do que foi feito até então. Ao presente, pois esse é o tempo que nos está sendo oferecido no momento atual da nossa vivência neste mundo.

Também, há que se levar em conta o fato de que as oportunidades variam com as circunstâncias. Um determinado momento pode ser propício para um tipo de ação, mas não para outro; momento da colheita de uma fruta não depende apenas do nosso desejo de comê-la, mas da estação propícia para seu amadurecimento. As oportunidades profissionais de um jovem universitário, desejo de ganhar o mundo, geralmente são distintas de um profissional idoso e de olho na quietude da aposentadoria. E assim por diante. Isso significa que precisamos estar sempre preparados para as vicissitudes da vida, incluindo a morte, o fato mais certo deste mundo.

A consciência da morte pode acarretar um profundo senso de angústia, mas também de deslumbramento, de ânimo para a luta, de não procrastinação de nossos atos. Parafraseando o psicanalista e escritor Rubem Alves: "quem sabe que o tempo está fugindo descobre, subitamente, a beleza única do momento que chegou e que nunca mais será". *Tempus fugit* é o nome de um livro de crônicas que ele também escreveu e no qual menciona o tique-taque de seu relógio, lembrando que este é intransigente, que devemos correr para não nos atrasarmos.

Como também dizia Heidegger, mais que o relógio, é a morte que nos ajuda a levarmos a sério as questões do tempo. Ter consciência da morte é a melhor forma de estarmos sempre agradecidos pela vida e afirmando cada momento dela como algo sagrado e que deve ser vivido da maneira mais intensa e decente possível.

Há uma forte afinidade do tempo com a arte, a história, a evolução e a vida. Na arte, pela reinvenção de signos e significados; na história, pela sucessão dos acontecimentos; na evolução, pela constante alteração e adaptação dos caracteres adquiridos biológica e socialmente. Em síntese, o tempo faz parte da vida e da condição humana, estejamos ou não cientes disso. Este pertencimento é pleno, abarcando o passado, o presente e o futuro.

A esta altura deve ser resgatada mais uma vez a inquietação de Santo Agostinho sobre o real sentido do passado, que se foi e não é mais; do futuro, que ainda não veio, portanto ainda não é, e do presente, tão passageiro que só nos damos conta dele quando já passou. Ou seja, nesse contexto agostiniano, também respaldado pelas ideias de Kant, o tempo só existe na estrutura do pensamento.

Se há uma impossibilidade epistemológica de se definir o exato momento presente (e consequentemente passado e futuro), por mais precisos que sejam os relógios e por mais óbvia que pareça a duração de determinado processo ou fenômeno, há, evidentemente, determinados momentos da vida pessoal e social que são tidos consensualmente como algo que já ocorreu, ocorrerá ou está ocorrendo. Trata-se de uma necessidade prática e adaptativa para que a mente humana tenha certo foco e não se perca na imensidão de um tempo sem limite entre as realizações e as expectativas; entre as previsões e os acontecimentos reais; entre a realidade e o sonho.

A presentificação do tempo está exemplarmente mostrada na famosa obra de Michelangelo denominada Pietá. Nela, a mãe de Deus aparece como sendo ainda muito jovem, talvez adolescente, mas já tendo no colo seu filho Jesus crucificado e cuja imagem já se encontra lançada ao futuro, com toda sua carga de simbolismo. Nessa obra exemplar, a presentificação não está na ideia de congelamento do tempo, mas do seu transcurso, da duração dos corpos, do incessante movimento da matéria, em suas infinitas formas de manifestação.

Apesar da ideia subjacente da jovialidade retratada nessa magnífica obra, uma das maneiras mais usuais de perceber a passagem do tempo é o envelhecimento. Interessante, portanto, refletir sobre o ato de envelhecer, o qual não passa de um processo constante de desgaste, enfraquecimento, debilitação, aniquilamento, aproximação da finitude, aumento constante da entropia tão magnificamente teorizada na segunda lei da termodinâmica e que preconiza o fim de todas as coisas mediante uma contínua desordem dos elementos com os quais foram construídas.

Como bem diz o provérbio bíblico: "o que veio das cinzas para as cinzas voltará". Observa-se, também, que o envelhecimento sempre vem acompanhado do aumento de vivência, experiência e sabedoria e que tudo isso pode e deve ser compartilhada com os descendentes e os mais jovens.

O tempo confunde-se com a história e o desenvolvimento humano, mas estes não são marcados por linha reta, e sim por linhas tortuosas que indicam avanços e retrocessos não simultâneos. Colocadas num plano unidimensional, tais linhas assumem a forma de desvios, contornos, dobras e cortes, nos quais se inserem os acontecimentos que às vezes parecem avançar, às vezes retroceder, e, outras vezes, desviar de rumo, tudo dependendo das circunstâncias vividas por cada povo, nação ou indivíduo. Curiosamente, tais circunstâncias também estão sujeitas ao mesmo tipo de deslocamento e, é por isso, que no conjunto e ao final, acaba predominando um equilíbrio dinâmico e que confere a estabilidade e beleza da vida.

Cada povo ou cultura parece ter um paradigma dominante e/ou uma ideia coletiva a respeito do tempo, e qualquer mudança desse esquema traz profundo impacto na sociedade ou mesmo na humanidade, a exemplo do impacto trazido pela mudança do paradigma geocêntrico para o heliocêntrico. Evidentemente, o impacto não ocorre apenas no campo do saber, mas também nas concepções ou visões de mundo e até na maneira de agir. Exemplo disso é a aceleração das atividades do mundo moderna, em decorrência do apressamento para produzir ou ganhar mais em unidades de tempos cada vez menores.

Por sua vez, tal aceleração acaba desencadeando maior aceleração no acúmulo ou consumo de bens, como também no surgimento de doenças impostas por um ritmo que viola as condições naturais dos seres humanos, além de causar rupturas cada vez mais violentas e imprevisíveis nas condições ambientais, já que o meio ambiente também é violentado por um ritmo mais apressado que sua capacidade de recuperação.

À primeira vista, essas ideias podem parecer desconexas, contrastantes ou mesmo mutuamente excludentes, no entanto todas elas apontam para o fato de que o tempo é um atributo imanente da matéria e que ressoa na consciência. Assim, pouco importa se ele é concebido como elemento autônomo (tempo absoluto), dependente do indivíduo (tempo pessoal ou psicológico), culturalmente construído (tempo social) ou até inexistente. Qualquer que seja a concepção sobre ele, mesmo a niilista, o fato mais relevante a considerar é que somos privilegiados por ter a oportunidade de passar algum tempo neste mundo.

SÍNTESE & INTER-RELAÇÕES

Todos estamos matriculados na escola da vida, onde o mestre é o tempo (Cora Coralina).

Com base no que foi até aqui colocado, percebe-se facilmente que o tempo vem sendo considerado ao longo dos séculos mediante três perspectivas ou abordagens: o Mito, a Filosofia e a Ciência. As duas últimas podem ser consideradas como apenas uma, pois trata-se de um conhecimento racional, devidamente justificado por ideias objetivas e argumentos lógicos. Além do mais, toda ciência se torna "filosófica" quando ela se abstrai dos dados empíricos para tecer hipóteses e teorias a respeito do desconhecido. Por outro lado, toda Filosofia se torna "científica", quando trabalha com experimentações e dados reais, muitos deles advindos da própria ciência. Assim sendo, ao longo desta obra e mais especificamente nesta sua parte final, trato dessas duas unidades com o nome simplificado de Ciência, deixando implícito que toda sua abordagem sobre o tempo contém elementos filosóficos.

A abordagem do tempo por três grandes domínios do conhecimento humano significa que o assunto é antigo e grandiloquente e que as questões centrais sobre ele interessam igualmente a essas três instâncias. Assim, é inegável que cada uma a seu modo tem contribuído bastante para seu entendimento. Isso significa também que tudo isso decorre de um esforço intelectual coletivo, e é isso que torna esse tema ainda mais palpitante. Evidentemente, as lacunas de conhecimento seriam menores, se cada uma dessas instâncias trabalhasse com a ideia de que a natureza funciona como uma estrutura integrada e não fragmentada, como parece entender as ciências particulares e até mesmo a cultura humana.

A grande contribuição do mito para o entendimento do tempo vem de suas narrativas antigas, que se perdem nas brumas da história e se autoproclamam como anunciadoras de verdades que se situam além do tempo, quando Cronos e outras divindades ainda não haviam surgido. Importante lembrar que deuses são criaturas imortais, mas não eternas; isto é, uma vez nascidos, não morrem mais, no entanto tiveram um início, nasceram num determinado tempo e desempenham determinadas tarefas no mundo.

No caso de Cronos, ele nasce, casa e tem filhos, sendo um deles Zeus, considerado o mais poderoso deus do Olimpo. Nesse caso, o mito não só afirma a permanência dos seres, mas também comporta a ideia de sucessão.

Isso significa que os mitos não tratam de seres estáticos, mas de seres dinâmicos, empenhados em ações e transformações. Assim, a base conceitual do tempo no mito é que ele se vincula a uma temporalidade humanamente definida e não a um tempo sem limites. Aliás, a noção de limites em todas as instâncias do homem e do cosmos é um aspecto fundamental de toda e qualquer concepção mítica.

A mais destacada concepção mítica sobre o tempo é que ele é uma divindade antecedente e controladora do destino humano, pois está vinculado à vida e à morte; é passível de emoções tristes e alegres, negativas e positivas, fracas e fortes e até mesmo de maldades terríveis. Exemplo disso é o deus-titã Cronos, filho mais novo de Urano, que castra o pai para libertar a si mesmo e a seus irmãos aprisionados no útero de Gaia, mãe.

Esse caso da castração é altamente emblemático e apresenta dois significados opostos, mas complementares: de um lado, na figura de Urano, ele representa um ato violento, o castigo que leva à perda de potência; de outro lado, nas figuras de Cronos, ele representa um ato generoso, que propicia a libertação, a criação de espaços e oportunidades para sua mãe e irmãos. Pelo fato de Cronos passar a engolir seus filhos, com receio de que algum deles viesse a destroná-lo, como cumprimento à praga jogada pelo seu pai castrado, o mito também está a indicar dois princípios básicos aliados ao tempo: um que gera, e outro que devora.

Esse jogo contínuo entre positivo e negativo; entre prêmio e castigo; amor e ódio; conquista e derrota; e entre tantos outros opostos, constitui-se num princípio fundamental da vida humana e mesmo do cosmos. Isso pode ser observado mesmo no âmbito dos fenômenos naturais, todos eles resultantes do jogo de forças contrárias que ocorrem em forma de reações químicas entre íons positivos e negativos; na dinâmica de prótons e elétrons; na complementaridade entre matéria e antimatéria, e em tantas outras forças que se opõem e ao mesmo tempo se constroem. Em última instância, a própria diversidade da vida e a sobrevivência das espécies decorrem desse jogo dinâmico e criativo.

Os mitos não são explicativos nem racionais; eles simplesmente relatam um imaginário compartilhado entre povos, conferindo a estes uma base de sustentação moral, psicológica, religiosa e metafísica. Eles acompanham a humanidade, desde sua origem e seguramente até seu fim, mesmo a despeito de todo o avanço das explicações científicas, pois fazem parte do inconsciente coletivo e da própria condição humana, centrada em signos e outros valores culturais.

É importante observar que os mitos nunca se preocupam em decifrar o tempo, a exemplo do que as ciências tentam fazer, baseadas em explicações racionais e objetivas. Os mitos simplesmente narram, deixando por conta dos ouvintes as suas compreensões íntimas e o compromisso de levá-las adiante, por meio das recitações e das vivências compartilhadas. Enquanto as ciências destrincham o todo em partes e se esforçam para entender racionalmente os problemas, mesmo tidos como misteriosos, o mito opera em sentido inverso, ou seja, tenta manter o todo e o mistério, pois é neles que se encontram o conhecimento verdadeiro e talvez a própria verdade.

De qualquer forma, independentemente do uso que é feito daquilo que costumeiramente se denomina tempo, praticamente nada se sabe dele, exceto que não é aquilo que os relógios e calendários registram, nem as transformações orgânicas que levam ao envelhecimento ou mesmo à morte, e muito menos a sucessão dos eventos que preenchem a História e que os historiadores relatam. Por certo, o tempo subjaz a tudo isso, mas não é nada disso. Ou seja, a questão sobre natureza ou essência do tempo ainda não foi respondida, embora haja uma plêiade enorme de intelectuais das mais diversas áreas do conhecimento engajadas na busca de uma resposta satisfatória.

De maneira bem simplificada, pode-se dizer que o tempo vem sendo considerado sob dois aspectos: o dos movimentos naturais, normalmente estudados pela Física; e o das mudanças psicológicas, abordadas pela Filosofia e mais precisamente pela Psicologia e Neurociências. No primeiro caso, ele é um fenômeno essencialmente externo, enquanto no segundo caso é totalmente interno, associado à consciência.

À primeira vista, essas duas perspectivas parecem totalmente independentes e até inconciliáveis, mas não o são. As duas abordagens são congruentes, complementares. Talvez essa aparente divergência se deva unicamente ao fato de a Física ter-se distanciado da análise da consciência em suas abordagens, desde que essa ciência se desvencilhou da Filosofia. Ou então, de modo inverso, pelo fato de a Filosofia ter-se distanciado da análise dos dados geofísicos e bioquímicas produzidos pelas ciências modernas e que se desvencilharam dela ao longo da "evolução" do pensamento.

Outro fator que tem contribuído para a segregação entre as abordagens filosóficas e científicas é a incompatibilidade artificialmente criada entre consciência (estudada pela Filosofia) e natureza (comumente estudada pela Física). Assim sendo, é natural que as abordagens entre essas duas áreas do conhecimento humano continuem sendo fragmentadas e destoantes.

Seja como for, tal desencontro e distanciamento acabaram impedindo um conhecimento integral, universalista e muito mais condizente com a realidade do cosmos, essencialmente unificado.

Felizmente, muitos filósofos e muitos cientistas, trabalham com a ideia de integração das ciências, mesmo sendo isso tremendamente difícil na prática. Para a maioria desses pensadores, o tempo aparece com o sentido de multiplicidade e plenitude; misto de concreto e abstrato; reversível e irreversível; natural e consciente; interno e também externo; realidade integral em que os valores da cultura se acham integrados aos valores naturais, em que homem e natureza são uma única realidade.

De maneira geral, as filosofias antigas pouco se interessaram pelas verdadeiras questões do tempo, concebendo-o como algo já dado, pronto e inquestionável. A grande exceção deve-se a Aristóteles, para quem a experiência do tempo está intrinsecamente vinculada à do movimento e, de modo especial, ao movimento em que haja algum tipo de ritmo ou repetição padronizada. O ritmo é tão notório e tão importante na natureza que acabou servindo de paradigma, modelo e garantia de perenidade.

A principal dificuldade para uma abordagem integral sobre o tempo provém de sua própria natureza ou essência carregada de dubiedade: de um lado, trata-se de um elemento invisível, inaudível, intocável e talvez imaterial; de outro, parece atingir a tudo e a todos, com o envelhecimento, o desgaste, o enfraquecimento e a morte. Para Gadamer, a dificuldade em compreender o tempo é que nosso espírito é capaz de conceber o infinito, mas vê-se limitado pela finitude de tudo que se encontra a seu redor.

De forma metafórica, o tempo tem sido considerado como "fogo" que tudo destrói, mas também ajuda a reconstruir; como "deus" que devora seus filhos, mas também que liberta sua mãe e irmãos; como "flecha" que se projeta do passado em direção ao futuro. No entanto, uma das metáforas mais instigantes e comentadas na literatura e em especial nas obras de Nietzsche, é o tempo como "círculo" que representa a ideia do eterno retorno.

Do círculo, não se distingue com facilidade o início, o meio e o fim, já que essas posições podem assumir qualquer lugar nessa figura geométrica. Assim, levando-se em conta a circularidade do tempo, o passado seria sempre uma força vivaz que interage diretamente com o presente e este com o futuro. Num caminho inverso, mas na mesma órbita, o futuro estaria diretamente vinculado ao passado. O grande problema da circularidade parece residir no fato de que a novidade se torna impossível ou mais complexa que na forma linear, pois esta sempre aponta para frente e para a incorporação de novidades que residem além de si.

À primeira vista, o eterno retorno de Nietzsche pode parecer uma proposta que corresponde exatamente à noção de circularidade e eterna repetição do mesmo; no entanto, a proposta desse filósofo consiste exatamente no contrário, ou seja, num tempo que jamais se repete. Por ter sido sempre um defensor do devir carregado de novidades e novas oportunidades, não parece que Nietzsche defenda um tempo circular marcado por repetições do mesmo.

Outra figura bem representativa do tempo, mas pouco explorada na literatura que trata desse tema, é a "espiral". Ela congrega a ideia de algo que é cíclico, mas não fechado e não repetitivo. É uma figura aberta para a frente e para o futuro e que se amplia continuamente. Curiosamente, ela se encontra em figuras rupestres do período neolítico e também faz parte das concepções mais modernas e complexas de estruturas aplicadas na fabricação de instrumentos e até na construção de edifícios. Mais curiosamente ainda, ela é uma figura típica da concha de certos caracóis, dos brotos de muitas plantas, dos furacões e tornados, bem como das galáxias.

Alguns astrônomos chegam a definir a Via Láctea como "elegante coleção torcida de estrelas e gases". A vantagem dessa estrutura geométrica para representar o tempo é que este pode ser mais bem interpretado como um agente que mantém os mesmos ritmos, mas também está sempre aberto às novidades trazidas pela evolução.

Talvez se pudesse acrescentar a essa lista de símbolos aquele denominado "*Yin Yang*", uma vez que as figuras preta e branca, ambas parecidas com um girino, acoplam-se de tal modo harmonioso que mais parece um abraço entre o passado e o presente. Nela, também se afigura a ideia de variedade e inter-relação, representadas pelo ponto preto na figura branca e o ponto branco na figura preta, os quais parecem transmitir a ideia de um par de olhos que se complementam e se dirigem para um tempo que ainda há de vir.

A ideia de tempo como "estrutura" absoluta, inflexível e inerte dominou o pensamento ocidental desde as proposições de Newton, há aproximadamente 200 anos, até aparecer a ideia de tempo relativo, com a teoria da relatividade de Einstein, e em seguida ser expandida com o Princípio de Carnot, que admite o calor como sendo uma forma de energia, bem como o princípio da entropia, que considera impossível, apenas pela ação de processos naturais, transformar alguma parte de calor de um corpo em trabalho mecânico. Exceto permitindo que o calor passe de um corpo para outro com temperatura mais baixa, a entropia de um sistema isolado sempre aumenta, nunca diminui; ou seja, quanto maior a desordem de um sistema, maior será a sua entropia.

A atuação da entropia pode ser observada, por exemplo, na quebra de um prato que não mais se pode recuperar inteiramente ou num cubo de gelo que derrete e se transforma em água líquida. A isso é dito, popularmente, que é mais fácil destruir do que construir ou que nada é de graça. Quando aplicada ao universo, como um todo, essa lei implica que ele está fadado a um fim de equilíbrio termodinâmico no qual será submetido a uma desordem máxima, a uma degeneração total.

Conforme salientado por Carlo Rovelli, toda a história do universo é esse instável e alternante aumento cósmico da entropia. Aumento não uniforme nem rápido demais, porque as coisas ficam presas em bacias de baixa entropia até que algo intervém para abrir a porta de um processo que permite o crescimento posterior dela. O processo é tão dinâmico que até o crescimento da entropia pode abrir novas portas, por meio das quais ela recomeça a crescer, como um dique que retém água numa montanha e que, uma vez rompido, tem sua entropia enormemente aumentada, levando destruição e desordem a tudo que se encontra entre ele e o vale, onde está inserido.

Por séculos, os adeptos da Metafísica acreditaram que o mundo só poderia ser conhecido pelo conhecimento da essência dos seres que o constituem. Por outro lado, muitos outros advogam que essência não existe e que o mundo só pode ser bem compreendido quando analisado no seu "fluxo", nas suas interações e mudanças, e não nos seus elementos constitutivos, quer estes sejam chamados de átomos, quer de elementos primordiais ou constitutivos. Um suporte às ideias destes últimos vem da Biologia evolutiva, para a qual a vida é um contínuo processo de transformações orgânicas e inorgânicas e de interações e adaptações entre seres e o ambiente em que vivem, sendo esse ambiente igualmente mutável.

Na mesma época que essa ideia estava circulando e sendo absorvida pela maioria dos físicos, surgiu a ideia revolucionária e otimista de Charles Darwin, propondo que a evolução tivesse um caráter positivo e ascendente. Tal ideia está baseada na sua famosa frase: "como a seleção natural trabalha exclusivamente pelo e para o bem de cada ser, todos os dons corporais e mentais tenderão a progredir rumo à perfeição". Com base nisso, muitos estudiosos da época começaram a adotar a ideia de progresso e de certa hierarquização da natureza, tendo os microrganismos na base e o ser humano no topo.

Isso significa que, mesmo que originalmente a teoria da evolução darwiniana rejeitasse a ideia de um projeto ou destino assegurado aos seres vivos, essa sua frase abriu brecha para uma interpretação diferente do que ele havia proposto e que culminava com a ideia de um ente superior projetista, ao agrado de todas as religiões monoteístas, que sempre defenderam a figura de um Deus sábio e criador. Alguns adeptos dessa ideia de aperfeiçoamento dos seres vivos chegaram a propor que isso se deve a uma capacidade intrínseca da natureza de criar ordem do caos. Foi certamente baseado nisso que Henri Bergson lançou sua ideia de que essa capacidade decorria de um élan vital, comum a todos os seres vivos.

A ideia bergsoniana indica que o princípio vital ordenador da vida dos seres vivos não está de acordo com a ideia darwiniana de que a vida depende do acaso, um ordenamento sem propósito definido *a priori*, mas simplesmente encadeado pelo princípio da seleção e da adaptação. Isso, naturalmente, criou uma grande incompreensão e mesmo forte embate entre biólogos e outros estudiosos, uns defendendo que o caminho das mudanças evolutivas se dá unicamente pelo acaso cego; e outros, que esse caminho é pautado por um princípio epigenético ou mesmo proposital.

O princípio vital ou vitalismo vem sendo combatido implacavelmente nas ciências, especialmente na Biologia. Ernst Mayr chegou a advogar o princípio da Biologia como ciência independente da Física, afirmando que para ser única e autêntica, ela deveria abdicar totalmente da ideia do vitalismo e da teleologia.

Com isso, ele estava dando apoio à teoria darwinista e reafirmando a evolução como processo que se dá ao acaso e não por intervenção de deuses ou outros seres personalizados. No entanto, tal embate perdura até hoje e se alastra para além do campo da Biologia e Genética, atingindo também os campos da Antropologia, da Sociologia, da Política e outras ciências interessadas na origem, desenvolvimento e destino do homem e demais seres da Terra.

As abordagens sobre a natureza do tempo ganharam muito impulso com a Física quântica, que trata de um mundo efetivamente real, mas invisível aos olhos humanos e à grande maioria dos equipamentos tecnológicos disponíveis. O mundo quântico opera no nível do imensamente diminuto, em que tudo é movimento incessante; toda realidade depende de interações; e a variável tempo deixa de existir, uma vez que tudo ocorre em nível de instantaneidades e probabilidades.

O mundo quântico não é feito de entes, coisas ou substâncias fixas, mas de processos e possibilidades. Isso significa que as coisas não são, elas simplesmente acontecem; elas podem ter uma duração aparente, mas seu estado íntimo é a permanente transformação. Exemplo extremo disso é a pedra, que parece um objeto concreto, duro e resistente, mas que não passa de conjunto de grânulos que são desgastados de maneira imperceptível, mas continuamente, por ação da umidade, do vento, do clima e de todas as demais forças naturais que sobre eles atuam e que, no final das contas, são redutíveis a átomos e partículas quânticas.

De maneira inversa, mas sempre tocada pelos processos dinâmicos da natureza, toda pedra tende ao pó, como este também pode tender a se empedrar. Assim, do ponto de vista quântico, uma pedra nada mais é que um jogo perene de forças e complexos campos de vibrações e interações. Isso significa que o mundo não é constituído de coisas, mas de eventos; uns mais simples, outros mais complexos; uns mais rápidos outros mais demorados, mas todos conduzidos por movimentos sucessivos e intermináveis.

Nesse contexto e do ponto de vista biológico e antropológico, a história do ser humano diz respeito a uma combinação de eventos resultantes de relações sociais, biofísicas e bioquímicas e que, no fundo, não passam de eventos quânticos.

Ainda segundo Rovelli, ao contrário do que se pensa ordinariamente e consta na imensa maioria dos livros didáticos, o mundo não é tocado por energia, mas por mudanças na entropia. Todas as formas de energia conhecidas (mecânica, química, elétrica ou potencial) se transformam em energia térmica, ou seja, em calor, o qual vai para as coisas frias, e não há como trazê-las de volta, caso não haja a interferência de uma força externa ao processo. Na verdade, a energia continua a mesma, mas a entropia aumenta. Assim, o que faz o mundo se mover não são as fontes de energia, mas as fontes de baixa entropia. Sem uma fonte de baixa entropia, como o Sol, a energia da Terra acabaria se diluindo em calor uniforme e o planeta voltaria ao seu estado de equilíbrio térmico, em que nada aconteceria; nesse caso, não haveria vida, nem mudanças, nem tempo.

Conforme a teoria de Rovelli, o mundo transforma-se pelas mudanças dos níveis de entropia, e esse processo deixa vestígios. A presença dos fósseis e das alterações nas rochas é um claro exemplo disso. Também são exemplos o desenrolar da história e das nossas realizações que se tornam lembranças. Ou seja, o que desencadeia os eventos do mundo é a irresistível mudança de configurações ordenadas para configurações desordenadas.

Esse modelo universal, centrado na mudança dos níveis de entropia e alternância de eventos, está completamente afinado com as ideias de Heráclito, que há mais de 2.500 anos já afirmava que a mudança, e não a permanência, é o elemento constituinte do universo. Em outras palavras: o universo não é feito de seres, mas de acontecimentos, quer estes sejam relativamente longos, quer sejam curtos, demorados ou fugidios. Tudo passa, tudo flui. O tempo passa rápido, voa, foge; *tempus fugit*, conforme a famosa expressão latina do poeta romano Virgílio (70 – 19 a.C.) em sua maravilhosa obra *Geórgicas*.

Há ainda duas ideias subjacentes às apresentadas anteriormente: uma é que o interior das menores partículas da matéria se confunde com o vazio, praticamente o nada; verdadeiro universo desmassificado, etéreo, virtual, apenas energizado, um dualismo partícula-onda, dependendo da visão do observador; aquilo que os filósofos franceses Gilles Deleuze e Félix Guattari denominam de matéria intensiva, pura duração de si mesma.

É nesse abismo infinitamente diminuto que se insere a menor porção do espaço-tempo, cuja realidade se confunde com o pensamento e que nenhuma palavra ou discurso é capaz de descrever fielmente. Ou seja, é naquele âmago diminuto, secreto, misterioso e onde somente o pensamento é capaz de penetrar, é lá e somente lá que o tempo existe. Eis aí a realidade primordial: tempo-espaço-pensamento formando tudo o que existiu, existe e existirá.

Aparentemente, há um dualismo na natureza, porque tudo que vemos, analisamos e quantificamos é composto de matéria, e é sobre esses corpos que a ciência se pronuncia. Não obstante, é possível contornar essa situação, concebendo que essa materialização seja apenas um processo de ordenação criado pela Natureza (ou por Deus, como queiram) para se apresentar de forma condensada, massificada e densa ou em forma virtual, livre, sem forma aparente nenhuma. Ou seja, realidade que se apresenta em dois níveis complementares e que sucedem no espaço-tempo de forma sucessiva e ininterrupta. Nesse sentido, como dizia Bachelard, a matéria é essencialmente espiritual, do mesmo modo que espiritual é, essencialmente, material. Uma só e rica realidade da mesma família universal.

Desde Aristóteles, no século 4 a.C., até o auge da revolução científica, no começo do século 21, o tempo foi tido quase tão somente como uma medida do movimento ou uma abstração mental. Por sua vez, os principais paradigmas cooptados pela religião tampouco contribuíram para encarar a natureza do tempo, uma vez que eles sempre estiveram mais fortemente vinculados com o sentido da eternidade, algo fora deste mundo e do tempo humano. Somente a partir de Einstein, com sua teoria de que o espaço e o tempo formam uma unidade coesa e inseparável é que a noção de tempo foi remodelada.

De qualquer forma, independentemente dos avanços científicos e do uso que é feito daquilo que costumeiramente se denomina tempo, praticamente nada se sabe dele, exceto que não é aquilo que os relógios e calendários registram, nem as transformações orgânicas que levam ao envelhecimento ou mesmo à morte, e muito menos a sucessão dos eventos que preenchem a história. Ou seja, ainda não se sabe, verdadeira e completamente o que é o tempo.

Não se pode perder de vista o caráter transitório de todo saber, por mais criterioso, revolucionário ou respeitado que seja. Isso significa que as questões fundamentais sobre o tempo continuam sempre em aberto e sempre à espera de novas proposições, teorias, hipóteses e teses, as quais também não escapam à transitoriedade.

É oportuno salientar que mito, filosofia e ciência não se separam nitidamente nem se sucedem sempre nessa ordem. Se historicamente o mito antecipa a Filosofia, em muitas ocasiões esta foi influenciada por visões mitológicas. A própria Ciência não é imune a isso, lembrando que muitas hipóteses beiram as raias da pura ficção. Ou seja, essas três formas de conhecimento convivem na sociedade e às vezes se entrecruzam, formando um mosaico interativo e fecundante, mesmo quando cada um deles desconhece as sutilezas dos demais ou descarrega sobre eles certas doses de preconceito ou intolerância. Para enfrentar a complexidade do homem, do mundo e do tempo, nada melhor do que o respeito ao desconhecido, a colaboração das ciências e a união dos saberes.

AFINAL, QUE É O TEMPO?

O tempo não existe, é apenas uma convenção
(Jorge Luis Borges)

Há muitos conceitos sobre o tempo, mas nenhum deles foi capaz de dirimir as questões fundamentais que vêm se arrastando por séculos, sendo a principal delas se o tempo realmente existe ou se não passa de mera ilusão. Ou seja, as questões básicas sobre o tempo ainda não foram respondidas; continuam tão latentes e instigantes quanto estiveram no começo dos relatos místicos e das investigações científicas e filosóficas.

Entretanto, há um número espantoso de publicações sobre o tema e, decorrente disso, um volume espetacular de ideias, teorias e visões que nos permitem um consenso mínimo sobre o tempo, incluindo o conhecimento sobre aquilo que ele não pode ser.

É praticamente impossível a leitura de tudo que já foi publicado sobre o tempo, ou mesmo das obras mais importantes, no entanto é evidente que a maioria delas trata das mesmas questões, reproduz afirmações semelhantes e reprisa aquilo que já havia sido dito antes. Ou seja, qualquer iniciativa que se destine a estudar o tempo deve ter como escopo final a sistematização das informações já disponíveis para daí, então, serem emitidas outras proposições ou novas sínteses.

Assim, de acordo com esses pressupostos e tomando como base as ideias dos autores até aqui citados e considerados como defensores das teorias objetivistas, subjetivistas e estrutura de possibilidade, pode-se afirmar que as concepções sobre o tempo se desenvolvem no âmbito das seguintes teses:

1. Tempo como ente absoluto e cósmico, autônomo e externo a nós, verdadeiro pano de fundo em que transcorrem os acontecimentos do mundo, conforme a visão newtoniana.

2. Tempo como ente absoluto, mas exclusivamente humano, interno e estruturante da razão ou consciência, conforme a visão kantiana, claramente derivada da tese newtoniana.

3. Tempo como estrutura formada pela combinação de espaço-tempo, mas percebida de forma relativa, dependendo do movimento e um sistema de coordenadas relativas a um observador ou lugar

da observação. Não há um tempo, mas uma infinidade de tempos possíveis, conforme a visão einsteiniana.

4. Tempo como algo indeterminado, interno, subjetivo; disposição da alma que pode variar a cada momento, sempre dependendo das suas próprias idiossincrasias; consciência de nossa própria duração e finitude, conforme a visão agostiniana.

5. Tempo como élan vital, princípio imaterial que tira a matéria de seu estado de inércia, formando uma caudalosa duração universal, autônoma, construída pelo ajuntamento de durações individuais e que a lança no futuro, sempre carregando consigo as memórias do passado, conforme a visão bergsoniana.

6. Tempo como mera possibilidade, podendo ou não estar presente, dependendo da cultura, das experiências compartilhadas entre distintos sujeitos do conhecimento, conforme a visão heideggeriana.

7. Tempo como fluxo eterno, uno e estruturante do mundo e tudo que nele existe, representado pela seta do tempo, irreversível, sempre no sentido do passado para o futuro, conforme a visão prigogineana.

8. Tempo como algoritmo cronometrado e que funciona como uma variável dependente ou independente dos cálculos estatísticos desenvolvidos com dados coletados em experimentos laboratoriais e pesquisas de campo, conforme a visão científica em geral.

9. Tempo como vontade de potência, desejo do eterno retorno daquilo que se viveu da maneira mais autêntica e intensa possível, conforme a visão nietzschiana.

10. Tempo como marcação de datas e eventos sociais, sendo constituído de um evento fundador ou ponto zero, pelo qual se contam os dias, meses e anos. Trata-se de um tempo-calendário, comum em todas as partes do mundo e de grande importância na vivência social, conforme a visão popular.

Com base nessas teses e em suas premissas, é possível vislumbrar um certo conceito do tempo; no entanto, para se chegar a isso, ainda é preciso levar em conta alguns aspectos fundamentais da matéria e da razão humana, pois elas são, indubitavelmente, o suporte para o entendimento de todo e qualquer realidade física ou psicológica.

Com base na maioria dos pensadores "clássicos" aqui citados, notadamente Espinosa e Nietzsche, a matéria é o único ser real; aquilo que existe e de que são feitos os seres, os objetos e tudo o mais do universo; ela a entidade que forma e movimenta o mundo, podendo aparecer em forma de massa, energia e forças cósmicas. Embora os corpos sejam mortais, a matéria é imortal e eterna. Não existe matéria sem movimento, nem movimento sem matéria. Também não existe movimento puro, nem tempo puro; tudo está mergulhado na matéria, a qual se encontra em eterno movimento, puro devir, vontade de potência, como dizia Nietzsche.

Ainda segundo eles, a Razão é a faculdade humana vinculada ao ato de pensar, raciocinar, entender, compreender e julgar. Ela não é totalmente pura *a priori*, pois constrói-se em contato com a realidade e a partir de experiências. Ela também não é estática, mas maleável, pois é capaz de acompanhar e entender as transformações do mundo. A ela estão associados o conhecimento, a linguagem e a memória.

Conhecimento é a interpretação do objeto feita pelo sujeito cognoscente, daí que todo conhecimento é sempre relativo, aproximado e provisório, porque tanto ele como a própria razão mudam de status a cada momento, a cada incorporação de novas informações e experiências. Conforme bem asseverado por Kant, jamais chegaremos à coisa em si (númeno), apenas às suas manifestações (fenômeno). Assim, o mundo é sempre uma construção mental; nosso olhar é prisioneiro de valores adquiridos, de conceitos cristalizados e às vezes de preconceitos injustificáveis e incabíveis. Isso significa que o conceito de verdade e de objetividade científica é eivado de ingenuidade e postulados enganosos.

Linguagem é o instrumento destinado a descrever e comunicar verdades em que acreditamos, mas esse instrumento é limitado e muitas vezes induzido por dubiedades, tanto para quem dirige como para quem recebe a mensagem. Além disso, não há verdade absoluta, e nenhuma linguagem, por mais precisa que seja, é capaz de mudar esse seu status de relatividade. Como bem disse o linguista francês Émile Benveniste, "o homem sentiu sempre — e os poetas frequentemente cantaram — o poder fundador da linguagem, que instaura uma realidade imaginária, anima as coisas inertes, faz ver o que ainda não é, traz de volta o que desapareceu". Memória é uma linguagem silenciosa; a forma como o cérebro adquire, armazena e recupera informações, sendo uma das funções mais complexas do homem e talvez dos demais seres vivos.

As questões básicas relativas ao tempo são de três ordens sequenciais e complementares. A primeira é saber se ele, de fato, existe; a segunda, saber qual sua origem ou natureza; e a terceira, qual sua ação no mundo. A primeira questão é essencial, pois, se o tempo não existe, não faz sentido levar avante as demais questões. Curiosamente, não há consenso sobre isso: muitos defendem a ideia de que ele não existe, enquanto outros advogam sua existência, quer de modo objetivo (realidade da natureza), quer de modo subjetivo (realidade restrita à mente humana).

A ideia de inexistência parece demasiadamente paradoxal, pois existe uma profusão de obras literárias, filosóficas e científicas tratando do tempo, quer de maneira direta, quer de maneira indireta. Assim, parece mais assertivo tratar desse fenômeno como algo real, mesmo que o nome substantivado dado a ele não seja o mais adequado. Nesse caso, o problema central relativo ao tempo não está nele mesmo, mas na terminologia ou na linguagem aplicada a ele. Daí que, para muitos pensadores, a essência do tempo escapa a qualquer tipo de linguagem, permanecendo apenas como algo dado de imediato à consciência no ato denominado intuição.

O tempo é realidade transcendental que extrapola a racionalidade e os quadros limitantes impostos pelo aparato linguístico de toda e qualquer ciência. Mais que isso: parece que, ao tentar conceituar o tempo, o ser humano mais se afasta dele ou acaba por ele engolido, tal como ocorria com os primordiais filhos de Cronos, segundo a narrativa mítica.

A linguagem é extremamente importante, mas quase sempre falha ou cria dubiedades. Por exemplo, é praticamente impossível falar do tempo sem que a própria fala deixe de utilizar substantivos, adjetivos, verbos e advérbios que já se refiram a ele de antemão. É como se a fala já estivesse cativa do próprio objeto do qual se pretende falar. Ou seja, a descrição sobre o tempo é sempre um exercício fadado ao fracasso intelectual.

Outro problema básico relativo ao tempo consiste na separação arbitrária e falsa que costuma ser feita entre aquilo que se diz pertencer à natureza ou ao homem. Os separatistas que assim o fazem costumam não dar explicações sobre os motivos da separação, e, quando explicam, não convencem. Verdade que essa separação vem de longa data, e até hoje algumas alas a defendem, mas carece de argumentos lógicos, porque tanto a Filosofia como a Ciência nunca comprovaram que o ser humano possui características "sobrenaturais". O homem pertence à natureza, faz parte dela. Assim, o que vem do homem não deixa de ser natural, embora se convenciona dizer que tudo advindo dele é artificial. Eis aqui, logicamente, um artifício linguístico pouco convincente.

O problema da linguagem é que as palavras nunca são suficientes para expressar fielmente a realidade das "coisas" do mundo. Toda palavra é portadora de um leque fabuloso de ideias, sendo cada uma delas fonte inesgotável das mais diversas interpretações. Assim, toda palavra e toda definição já nascem com a marca de incertezas, dúvidas e incompreensões.

Seja como for, a barreira maior para a compreensão do tempo parece residir na própria linguagem, quer por falta de termos adequados para sua explicação clara e precisa, quer por excesso, já que existem miríades de termos "técnicos" alocados nesses estudos cujos sentidos são múltiplos, dúbios, conflitivos e até opostos. Evidentemente, essa situação caótica mais atrapalha que ajuda. Fica a impressão de que faltam palavras para explicar ou que as palavras existentes se tornam pequenas ou incapazes de traduzir a grandeza e complexidade da realidade que abordamos.

O homem é filho da Terra, feito dos mesmos elementos que compõem os corpos dos demais seres, e é submetido às mesmas leis físicas que governam o universo. Assim, pensar o homem como um ser distinto e distante da Natureza talvez seja o erro mais crasso cometido pela humanidade, em nome do conhecimento ou mesmo do bom senso.

Apesar das discussões estéreis ou mesmo violentas que ainda vigoram nesse campo, está mais que provado que a Natureza tem um imenso poder de criação, foi e continua sendo capaz de gerar os seres que são tocados por seus próprios ritmos e durações. Assim, em vez de conceber o tempo como uma entidade real, absoluta e autônoma, talvez fosse mais coerente concebê-lo como uma simples duração desses ritmos, desse movimento incessante que impulsiona a matéria em todos os corpos do universo e de modo especial o homem, *Homo sapiens*.

Voltando ao tema central e com base no levantamento feito sobre as principais teses defendidas pelos estudiosos citados, proponho abaixo um conjunto de postulados para tentar responder à pergunta formulada no caput deste capítulo (afinal, que é o tempo?), lembrando que tais considerações incluem tanto afirmações como negações:

1. O tempo não é a medida aferida em relógios e cronômetro. Esses aparelhos não definem a natureza do tempo, mas simplesmente medem intervalos previamente estabelecidos e designados, como horas, minutos, segundos e seus múltiplos ou submúltiplos.

2. O tempo não tem uma realidade própria; não existe em si ou por si mesmo. Para que houvesse um tempo absoluto, seria necessário um movimento absoluto, e isso não é factível.

3. O tempo não é o elemento estruturante dos seres e coisas do mundo, nem a seta irreversível, sempre no sentido do passado para o futuro. Os corpos e a irreversibilidade não se devem ao tempo, mas ao devir, ao movimento incessante da matéria.

4. O tempo não existe isolado, ele está atrelado à matéria. O que existe, de fato, são seres, entes, objetos, fenômenos e demais "coisas" que carregam em si a duração infinita da matéria. Os seres duram enquanto existem, existem enquanto duram e estão sempre em transformação.

5. O tempo confunde-se com o élan vital, sendo este um princípio que percorre a matéria, aplicando em seu interior um movimento contínuo e incessante, mesmo quando ela se mostra aparentemente morta ou inerte.

6. Com base nesses enunciados, ao que se denomina "tempo" (um termo eivado de conceitos errôneos e até preconceitos), propõe-se que se denomine "duração", um termo bem mais simples, leve e representativo da existência dos seres.

7. A duração não corresponde ao futuro, àquilo que ainda não foi vivido ou experimentado; também não corresponde ao presente, que não dura mais que um átimo, a um piscar de olhos; ela corresponde ao que se viveu, aos fatos passados, ao somatório das experiências e realizações.

8. "Duração" parece facilitar o entendimento do fenômeno que o termo "tempo" tenta explicar, e por isso deve ter prioridade de uso.

9. Tanto "tempo" como "duração" são termos convencionais, utilizados para tentar explicitar algo extremamente complexo, belo e que extrapola a capacidade humana de compreender e comunicar.

10. Tempo (duração) é essência da matéria, mistério e beleza.

CONSIDERAÇÕES FINAIS

A coisa mais bela que o homem pode experimentar é o mistério; ele é a emoção fundamental que está na raiz de toda arte e de toda ciência.
(Albert Einstein)

As questões relativas ao tempo sempre estiveram fortemente associadas à relação ontológica entre ser e devir, à própria essência e à estrutura das mudanças que ocorrem em tudo que existe. Para uns, o tempo está contido nessas mudanças; para outros, o tempo é a própria mudança. Como a vida é mudança, o tempo faz parte da vida ou e vice-versa.

O tempo é tido como fator que confere autenticidade ao movimento, ao ritmo, aos fatos e às mudanças de todos os tipos. Assim, em certo sentido, pode-se dizer que o tempo (a duração) é o motor da vida, o indutor da morte, o ordenador da mente e do mundo. No entanto, quando uma pessoa, um grupo ou a própria ciência são inquiridos sobre o que é, de fato, o tempo, todos se calam. Ou seja, persistem sérias dúvidas sobre o tempo, embora rios de tinta, montanhas de papel e miríades de *bites* já tenham sido empregados para tentar chegar a um consenso mínimo sobre esse fenômeno.

É realmente curioso o fato de o tempo já ter sido estudado tanto e por tantas mentes brilhantes e continuar sendo uma incógnita tão grande causando tanto receio. Provavelmente isso se deve à complexidade do tema, mas também aos problemas inerentes à linguagem, bem como aos problemas criados pela separação de saberes, além de vários outros.

A linguagem é um atributo dos seres vivos, mas de modo especial dos seres humanos. Na verdade, o mundo humano é essencialmente simbólico. É pela linguagem que os pensamentos e o conhecimento são expressos e compartilhados. Ou seja, não é possível pensar em algo sem uma forma linguística que o caracterize. Até mesmo uma fórmula matemática, uma lei científica ou uma ideia revolucionária são manifestadas pela linguagem. Ela é um fenômeno intersubjetivo; é ela que formatiza e comunica a realidade na qual estamos mergulhados; é por ela que determinamos os signos daquilo que convencionamos como verdade ou ilusão.

O signo convencionado como "tempo" e suas traduções nas mais diversas línguas carregam em si o significado de algo que passa, dura, deteriora as coisas, aniquila tristes lembranças, prepara novas oportunidades, e assim por diante. De outra parte, esse termo também parece revestido do senso de algo pesado, petrificado, amedrontador. Além disso, tempo parece constituir-se num termo hiperônimo, contendo significados extremamente variados. Assim, diante dessa problemática cognitiva trazida por esse termo e aproveitando as sugestões de ilustres pensadores que se debruçaram sobre ele, especialmente o filósofo, diplomata e prêmio Nobel Henri Bergson, talvez fosse mais apropriado empregar em seu lugar o termo "duração".

Além de mais preciso, "duração" parece mais leve e destituído das incongruências, idiossincrasias e amedrontamentos que o surrado termo "tempo" traz em sua bagagem histórica. Duração é um termo que denota com mais clareza o "tempo" daquilo que dura enquanto existe. Com ele, duração e existência parecem guardar entre si uma relação muito mais direta e estreita do que a apresentada pelo termo tempo. "Duração" contém a noção da exata medida do ser existente, enquanto "Tempo" parece sempre exorbitar para além dos seus próprios limites.

Por outro lado, não adianta imaginar que, ao substituir o surrado termo "tempo" pelo mais moderno e esclarecedor termo "duração", os problemas a ele associados vão desaparecer. De jeito nenhum e por uma razão simples: os problemas reais não estão no nome, nem no conceito, mas na coisa-em-si. Ou seja, os problemas centrais da duração são exatamente os mesmos do tempo, sem nada retirar ou pôr.

De modo semelhante, a simples troca de um termo por outro não extingue a complexidade e o mistério contidos no ato de existir, no entanto isso serve ao menos para facilitar o entendimento, orientar e amenizar um pouco o temor daquilo que atavicamente o termo tempo implica e sugere. Ou seja, mudar a linguagem é sempre uma forma de mudar a realidade com a qual nos defrontamos.

A separação dos saberes não é simplesmente um problema epistemológico, nem de linguagem, mas também de decisão e atitude. É certo que esta separação pode permitir um maior aprofundamento nas análises das questões, mas também afunda o fosso da ignorância, afunila as divergências conceituais, impede o esforço coletivo na busca sincera do conhecimento e mascara a verdade.

A separação acadêmica e metodológica entre Filosofia e Ciência — em que uma defende as narrativas e os postulados intuitivos e a outra defende a experimentação e o cálculo estatístico — é um claro exemplo de separação e distanciamento entre os saberes. O problema é ainda mais complexo, porque a separação e o distanciamento também ocorrem no interior de cada um desses setores. Às vezes há falta de diálogo e, não raro, há desentendimentos entre eles.

Especificamente sobre o tempo, o filósofo e neopositivista alemão Hans Reichenbach chega a advogar que a Física seja a única ciência capaz de dar as devidas explicações sobre ele, mas que é no mínimo curioso que ela não leve em consideração em suas análises a existência do devir e as contínuas novidades trazidas por ele. Ora! Se o devir existe, como têm apregoado alguns filósofos, o físico deveria investigar e saber disso também. Assim, caso os físicos virem as costas para esse fato, por uma questão simplesmente metodológica ou ideológica, eles jamais terão oportunidade de conhecer a verdade ou mesmo ter contra-argumentos convincentes para aqueles profissionais que foram preparados para pensar diferentemente deles.

Outra prova de separação arbitrária entre Filosofia e Ciência pode ser facilmente observada quando se consulta a Literatura e a História e se percebe que os grandes pensadores são enquadrados numa ou noutra dessas alas, simplesmente por conta do título universitário a ele atribuído ou tão somente pelo cooptar unilateral que as alas universitárias fazem de seus nomes. Exemplo disso é Aristóteles, rotineiramente enquadrado na ala da Filosofia, mesmo tendo ele contribuído enormemente para as ciências físicas e biológicas. De mesmo modo, Einstein, nome solenemente reverenciado na Ciência, mesmo sendo ele um brilhante filósofo. Ou seja, a produção do conhecimento e os conhecimentos produzidos já vêm com a marca do isolamento e da segregação.

Evidentemente, isso não ocorre apenas com os pensadores; as próprias instituições também são enquadradas numa ou noutra dessas alas do conhecimento, e estas praticamente não dialogam entre si. Exemplo disso é o próprio tempo, que passou a contar com medidas cada vez mais sofisticadas, sem que sua natureza ontológica fosse devidamente conhecida.

Diante desses e tantos outros exemplos de discrepâncias, indisposições e falta de diálogo entre os saberes socialmente constituídos, fica evidente que os problemas relativos ao tempo e a qualquer outra questão relevante sempre estejam em aberto ou mal resolvidos. Certamente, mesmo se todas as instâncias do conhecimento se irmanassem, mesmo assim, os problemas não seriam totalmente resolvidos, mas ao menos teriam a garantia de que o diálogo foi exercitado, que houve um esforço de compreensão coletiva e que todas as contribuições foram levadas em conta para o estabelecimento de um consenso mínimo. E isso já seria o bastante para a efetiva validação e divulgação do conhecimento.

Ao longo da história, as concepções sobre a natureza do tempo têm variado enormemente, indo desde aquelas que o têm como uma entidade real, absoluta e autônoma, até aquelas que o concebem como entidade subjetiva ou mesmo inexistente. De maneira inversa, tem havido um entendimento coletivo e uma aceitação bem ampla sobre sua mensuração, a qual começou na Pré-História, com a contagem de dias e estações, devido aos movimentos de rotação e translação da Terra, passando pela Idade Média, com a contagem de horas e minutos pelos relógios mecânicos, até chegar à Idade Moderna, com a contagem de tempo baseada na movimentação de elementos atômicos.

Em 1967, a definição internacional de 1 segundo passou a ser feita com base em relógio atômico, equivalente a 9.192.631.770 hertz ou ressonância do átomo de Césio 33, no qual a margem de erro é de apenas 1 segundo a cada milhão de anos. Em relógios de átomos a fio, a precisão é absurdamente alta, chegando a um erro estimado de 1 segundo a cada 3 bilhões de anos. Além da contagem extremamente rigorosa e precisa, o tempo também vem sendo explorado ao máximo, como medida dos resultados do trabalho na agricultura, indústria, comércio e serviços.

Se por um lado isso tem propiciado alguns benefícios para a humanidade, a implacável marcação do "relógio laboral" tem exigido cada vez mais velocidade e pressa na produção, o que é quase sempre acompanhado de sérios prejuízos à saúde e ao bem-estar do ser humano e do meio ambiente. Mais que isso: não raro, essa marcação implacável também tem se constituído em mecanismo de controle e servidão.

Ao lado do desenvolvimento tecnológico que propiciou essa situação, a onipresença do relógio também foi potencializada nas relações pessoais, sociais e acadêmicas, uma vez que tudo que ali é feito é computado em termos da quantidade de tempo a elas dedicado. Isso mostra claramente que o tempo tem uma implicação decisiva na vida social, especialmente no ambiente considerado mais "desenvolvido".

A imposição do ritmo frenético no mundo moderno, especialmente nas áreas urbanas, não se deve apenas aos relógios, mas também a outros instrumentos controladores, como a luz artificial em quase todos os espaços públicos, fazendo com que a noite praticamente desapareça, como também os aparelhos telefônicos, verdadeiras próteses de nosso corpo e mente.

Os celulares parecem sempre ocupados em obter informações novas ou requentadas, mas, na imensa maioria, eles só servem para conversas fúteis, sem importância nenhuma, além de ocupar um tempo vazio. Aparentemente, tais conversas são caminhos para o convívio social e a aquisição de conhecimentos, mas, na verdade, a grande maioria delas é descaminho que leva ao isolamento social, ao entorpecimento e à solidão.

As instituições disciplinares, como a casa, a escola, a fábrica, o hospital e a prisão, são exemplos emblemáticos das práticas institucionais que lidam com o tempo, fazendo dele um instrumento que disciplina, controla e ordena, tanto em nível pessoal como coletivo.

É também por meio da contagem do tempo que se estabelecem os níveis de lucratividade e recompensa por quase todos os tipos de serviços prestados. Daí que ela se constitui também num dos mais efetivos instrumentos de controle, do qual nem mesmo a escola escapa. O relógio na parede e o registro no diário de classe são provas da contabilidade do tempo na gestão educacional, na formação profissional e até na disciplina cívica.

O homem-máquina, tão bem representado no filme de Chaplin, pode parecer hilário à primeira vista, mas revela de maneira didática e cristalina que o homem industrial e moderno perdeu o ritmo natural, o senso do real e o valor da vida; só pensa em produzir bens materiais, com velocidade sempre mais acentuada; torna-se escravo das máquinas que ele mesmo produz e opera.

Os relógios não somente atuam na construção da disciplina e da ordem social, mas parecem nos lançar cada vez mais profundamente na correria. Eles parecem servir como agente norteador da brevidade do tempo livre e da multiplicidade de tarefas cada vez mais apressadas, já que o aumento da produtividade consiste exatamente em fazer cada vez mais num tempo cada vez menor.

Curiosamente, tal aceleração guarda estreita relação com o consumo desenfreado e a fugacidade do momento vivido. Parece haver uma tendência geral, ao menos na sociedade ocidental, a valorizar o presente, em detrimento do futuro. Para a maioria dos cidadãos, importa consumir o máximo e quanto antes, antes que chegue o próximo concorrente. Nesse contexto, também o passado pouco importa, porque as mudanças tecnológicas, sociais e econômicas foram tantas e tão profundas que parecem ter perdido o elo com ele. Evidentemente, tudo isso leva a um senso de alienação.

A literatura médica e paramédica está repleta de casos patológicos, como estresse, ansiedade, pânico e tantas outras decorrentes do desequilíbrio entre os ritmos biológicos e os ritmos impostos pela industrialização, capitalismo e outras ideologias centradas na produção. É fora de dúvida que nos meios urbanos, principalmente nas grandes metrópoles, a cronobiologia foi suplantada pela cronoindustrialização, e isso tem trazido sérios distúrbios ambientais e sociais. Há claras evidências de que a execução de tarefas num tempo cada vez mais controlado e reduzido acaba ofuscando a criatividade, o entusiasmo e a alegria.

Seja como for, a metrificação do tempo utilizada como controle intransigente das atividades humanas parece já ter chegado a um limite máximo e quase patológico, devendo por isso estancado ou revertido, a bem da própria produtividade e da saúde pessoal e coletiva.

Não obstante as vantagens e desvantagens da métrica do tempo, talvez o aspecto mais relevante que ela pode trazer seja a indicação de que o tempo disponível para se viver é limitado. De modo mais profundo e detalhado, isso significa que tempo-duração é um presente dado pelo próprio Universo e sobre o qual devemos ter profunda responsabilidade, bom senso e disposição, para aproveitá-lo da melhor maneira possível.

Evidentemente, aproveitar o tempo ao máximo não significa, em absoluto, imprimir velocidades máximas àquilo que fazemos. Aliás, quando isso ocorre, geralmente acontece o contrário, ou seja, as coisas não são feitas da melhor maneira e o tempo acaba sendo mal utilizado e pouco percebido. É preciso ter consciência disso, investir mais no bem-estar e viver bem o tempo que nos é concedido pela Vida.

Viver bem o tempo é saber aproveitá-lo na justa medida, no equilíbrio entre o trabalho e o lazer, na conciliação entre as mensurações de Cronos e Kairós. Nesse caso, pouco importa a marca do calendário ou o tique-taque do relógio. Importante mesmo é a qualidade dos momentos vividos, a determinação de viver da melhor maneira possível, sempre tendo em mente que a vida não nos pertence, mas nós é que pertencemos a ela. De nossa parte, o que nos compete é viver com atenção, prudência, sabedoria e ânimo forte. Viver de tal sorte que a idade cronológica perca sua importância atávica e não nos impressione tanto. Sintetizo essa ideia com uma poesia que fiz, anos atrás, em meus momentos de devaneios:

A idade pouco importa
Tanto faz criança, jovem ou velho

Importante mesmo é a mocidade
A esperança que alimenta os sonhos
O brilho que irradia dos olhos
A força que anima a alma.

Ontem conheci uma criança de 4 anos
Que tocava como Mozart
E também outra, de 3
Que dançava como a melhor das bailarinas
Ao lado delas, um jovem de 28
Desanimado, desiludido, decadente.

A idade não importa ao tempo
O tempo, tampouco à idade
Ambos são instâncias distintas
Não devem ser colocados num mesmo balaio.

Idade é cronometragem
Tempo é duração
Duração é vida
É esta que verdadeiramente importa.

Idade, mudança e duração são termos morfologicamente distintos, mas que contêm a mesma ideia de que nada é definitivo, tudo passa. Ora! Se tudo passa, por que o tempo haveria de ser permanente? Considerando que o tempo não existe por si mesmo, mas nas coisas, nos corpos e nos seres, é inegável que o tempo passa com eles, embora permaneça eternamente na matéria.

A metáfora da passagem das águas do rio como denotativa da passagem da vida e do tempo foi uma nota histórica proclamada por Heráclito e depois seguida por um séquito de adeptos e admiradores de sua doutrina. Certamente ela também serviu de inspiração para estes versos do poeta português Fernando Pessoa:

Na ribeira deste rio
Ou na ribeira daquele
Passam meus dias a fio.
Nada me impede, nada me impele
Me dá calor ou dá frio

Vou vendo o que o rio faz
Quando o rio não faz nada.
Vejo os rastros que ele traz
Numa sequência arrastada
Do que ficou para trás.

Vou vendo e vou meditando
Não bem no rio que passa
Mas no que estou pensando
Porque o bem dele é que faça
Eu não ver que vai passando

Vou na ribeira do rio
Que está aqui ou ali
E do seu curso me fio
Porque, se o vi ou não vi
Ele passa e eu confio.

Fernando Pessoa. In: Ferraz, E. (2011).
A lua no cinema e outros poemas. Cia. das Letras.

Nesse poema, a ideia de "passagem" confunde-se com a ideia de pensamento e ambas estão contidas na figura do rio, dos dias, do homem e da vida. Há na segunda estrofe uma clara referência ao papel da memória, quando ele diz "ver os rastros do rio numa sequência arrastada, do que ficou para trás". No fim do penúltimo e último verso da última estrofe, aparece a ideia de confiança no movimento incessante de tudo, mesmo que essa passagem seja invisível aos olhos. Na verdade, ele não credita a realidade apenas ao olho que vê, mas sobretudo ao pensamento que medita. Não sei se foi intenção do poeta, mas esse poema é um hino de louvor ao devir.

A distinção dada ao ato de meditar é muito oportuna neste momento, porque isso é obviamente uma referência à tarefa da Filosofia. Evidentemente, toda reflexão sobre o tempo tem um caráter filosófico, mesmo quando ela é feita em nome da ciência. Esse caso, simples à primeira vista, abriga uma situação complexa e que deve ser mais uma vez ressaltada: de um lado, o embate histórico entre as categorias filosóficas e científicas; e, de outro lado, o exercício comum de ambas, centrado na razão, na racionalidade, na análise, nas conjecturas e nas teorias. Assim, afora as idiossincrasias próprias de cada uma dessas áreas de estudos, o verdadeiro e eficaz conhecimento deriva do trabalho conjunto de ambas.

Assim sendo, a maneira mais adequada e o caminho mais seguro para aventurar-se na compreensão do tempo e da própria vida é por meio e através da reflexão filosófica, com base no conhecimento científico. Quanto a isso, mais importante que refletir e entender a verdadeira natureza destas entidades é entender o modo como devemos utilizar o tempo colocado graciosamente à nossa disposição neste mundo.

A reflexão sobre a passagem do tempo é um bom mote para a reflexão sobre o tempo em si, o assunto central desta obra. Afora o que já foi dito até aqui, é oportuno lembrar que a percepção do tempo pode ser feita em ritmos naturais aparentemente simples e corriqueiros, mas de importância vital, como a respiração, os batimentos cardíacos, a sucessão das estações do ano, da subida e descida das águas dos rios; das migrações de borboletas, peixes, aves e mamíferos, bem como do sol que nasce e se põe a cada dia. Os ritmos na movimentação de todos os astros são algo fenomenal. Todos eles são ritmos tão essenciais e harmoniosos que mais parecem uma sinfonia cósmica.

Além da percepção do tempo nos ritmos da natureza e de nosso corpo, tão bem engendrados pela evolução biológica, é também importante percebê-lo nos fluxos positivos e negativos de nossa vida pessoal, das respectivas sociedades às quais pertencemos e até mesmo da humanidade. Tais fluxos se manifestam em momentos de paz e guerras; ganhos e perdas; vitórias e derrotas; alegrias e tristezas; saúde e doença e até mesmo em pandemias, que aparecem e desaparecem ocasionalmente. A vida é fluxo conduzido pelo universo, o maior dos caudais que tudo leva em seu bojo.

Sendo ritmo e fluxo, a essência do tempo parece não estar nele mesmo, mas na vivência da sua duração, o que é feito mediante a consciência do homem e eventualmente de outros seres conscientes. Assim, a importância ou valor dessa vivência não está na sua quantificação, mas na qualidade dos momentos vividos.

O tempo é algo paradoxal, isto é, por um lado, mostra-se como realidade quotidiana; por outro, como mistério profundo. Nesse caso, ele continua sendo tema das conversas mais coloquiais, incluindo a idade dos seres, os eventos passados e as perspectivas, e também dos estudos mais avançados, aqueles que remetem às verdadeiras questões temporais para a vanguarda dos processos físicos, metafísicos e humanos. Isso mostra que o tempo é uma instância de imbricação com tudo o que existe; ele é parte da matéria, o indutor de sua movimentação total e permanente, mesmo quando passa despercebido pelo ser humano.

É justamente a imbricação do tempo com os demais elementos da natureza que nos permite situar no mundo, questionar o sentido do tempo e da vida; antecipar-se aos fatos; respeitar o momento de cada um e de cada ciclo; compreender o que somos; fazer de nossa passagem por este mundo um atestado de competência. Assim, em vez de ficar indagando sobre "o que é o tempo", devemos perguntar o que fazemos dele e com ele, enquanto vivos. Afinal, como síntese da matéria e presente da vida, tempo é ouro, o maior tesouro, como bem diz o velho ditado popular.

Indagar sobre o tempo tem duas implicações: uma é reconhecer que os seres humanos são dotados do mais elevado grau de racionalidade e inteligência, mas que sua capacidade tem limites e que o mundo nunca será conhecido na sua totalidade. A outra implicação é que tanto o mundo que conhecemos de perto quanto o mundo que escapa à nossa compreensão são tão espetaculares que merecem a nossa admiração. Aliás, a admiração é uma das condições indutoras de toda filosofia profunda.

A admiração pela grandiosidade, complexidade e beleza do mundo não advém apenas dos nossos sentimentos, mas também dos conhecimentos que adquirimos ou que se encontram disponíveis em laboratórios, livros, bibliotecas, escritórios ou museus (naquilo que o filósofo da ciência Karl Popper denomina "mundo III" ou "mundo do conhecimento"). Em ambos subjaz o mistério, aquilo para o qual não há explicação cabível.

Como mistério, o tempo é objeto não totalmente compreensível pela razão, nem definido exatamente por conceitos, equações matemáticas ou modelos físico-químicos; ele é objeto reluzente que atrai todas as ciências, mas nenhuma consegue adentrar em seus meandros, e, por isso tudo, o que elas têm a dizer sobre ele é sempre circunstancial, tangencial e provisório.

O teólogo, filósofo e médico alemão Albert Schwettzer sintetiza bem isso ao afirmar que "à medida que adquirimos mais conhecimentos, as coisas não se tornam mais compreensíveis, mas, sim, mais misteriosas". O mesmo autor afirma também que vivemos numa época muito perigosa, pois o homem aprendeu a dominar a natureza antes que tivesse aprendido a dominar a si mesmo.

Pode parecer estranho que, depois de tantas informações colhidas do mundo dos Mitos, da Filosofia e da Ciência, esta obra seja concluída com apelo ao mistério, mas é exatamente este o propósito. Afinal, mistério não é algo proibido à investigação ou imune ao conhecimento pleno, muito menos uma derrota para o pensamento. Mistério é a condição de algo tão complexo e tão maravilhosamente engendrado que escapa à análise puramente racional para constituir-se numa autêntica utopia, aquele lugar que não existe ou aonde não se chega, mas que serve de motivação e guia. O escritor, educador e teólogo Rubem Alves compara o mistério à beleza, diante da qual as palavras se calam, pois jamais poderão retratar fielmente o que ela é e representa. Para completar o quadro de comparações, esse escritor-poeta também costuma associar Deus à extrema beleza e ao maior dos mistérios.

O filósofo e dramaturgo francês Gabriel Marcel faz uma interessante distinção entre o âmbito dos problemas e o âmbito dos mistérios. Para ele, o âmbito do problemático compreende as questões técnicas e resolúveis que estão colocadas diante, mas fora de nós, e cuja posição requer uma análise intelectual do nosso ser. Por outro lado, o âmbito do misterioso compreende as questões existenciais e insolúveis que estão simultaneamente colocadas diante e dentro de nós, cuja posição implica a totalidade do nosso ser. Assim, diante do problema, somos espectador; diante do mistério, somos espectadores e também atores.

Do mistério do tempo, proclamou Santo Agostinho: "se não me pergunta o que ele é, eu sei, mas se pergunta, deixo de saber". O mesmo dizia Gabriel Marcel ao proclamar que "o mistério do tempo está certamente no cerne de tudo aquilo que pensei sobre ele, mas sem que tenha conseguido de modo algum encapsulá-lo em algo que se assemelhe a uma teoria".

Somos parte de um mundo que é vontade de potência, mas também transitoriedade, abismo de matéria tocada por incessantes movimentos e mudanças, eterno devir. Muito provavelmente, nosso destino é estar neste mundo por uma única e última vez, e isso pode ser encarado de dois modos distintos: um, como penoso sofrer; outro, como profundo alegrar. Sofrer, por não mais poder repetir o que de bom presenciamos, tivemos e vivemos. Alegrar, por ter tido a oportunidade de participar deste mundo e viver o mais intensamente possível a ponto de querer que isso se repita para sempre.

Num certo sentido, mistério confunde-se com sacralidade, aquilo que merece não somente nossa atenção, curiosidade e análise, mas especialmente nosso respeito e admiração. Admiração pela importância mítica, religiosa, filosófica, científica, psicológica e social que ele representa para cada um de nós e para todas as sociedades do mundo.

O mistério do tempo não está na sua natureza e muito menos em seu nome, mas no simbolismo que ele representa para nossa consciência. Daí que todo estudo sobre o tempo é importante e oportuno, pois ele nos remete ao que de mais humano existe em nós e também ao alerta que ele nos faz a respeito de nossos limites e de nossa finitude.

Somos uma temporalidade viva; temos consciência de nossa existência e de nossa finitude; sabemos que a morte nos espera e que a duração da vida tem um limite estipulado pelo código genético e pelas condições ambientais e sociais em que estamos inseridos. Além disso, dispomos de inteligência, vontade, bom senso e livre-arbítrio para determinar nossas escolhas e nossos objetivos.

Como seres conscientes, devemos estar atentos à passagem do tempo, ou melhor, a nossa passagem por ele e nele. O tempo de nossa existência é o maior tesouro que ganhamos de presente; é preciso ser digno e dono dele enquanto vivemos. Ser digno é reconhecer que ele faz parte de nossa vida. Ser dono é utilizá-lo com responsabilidade, prudência e gratidão. Responsabilidade, pelo dever de enfrentar os obstáculos e aproveitar as oportunidades que a vida oferece. Prudência, pela necessidade de conciliar aquilo que desejamos com aquilo que podemos. Gratidão, pela benevolência da vida e maravilhas da Natureza, incluindo o tempo.

REFERÊNCIAS

Abbagnano, N. (2003). *Dicionário de filosofia*. Martins Fontes.

Alves, R. (2002a). *Livro sem fim*. Loyola.

Alves, R. (2002b). *Transparências da eternidade*. Verus.

Artigas, M. (2005). *Filosofia da natureza*. Instituto Brasileiro de Filosofia e Ciência Raimundo Lulio.

Bachelard, G. (2008). *A psicanálise do fogo*. Martins Fontes.

Beato, J. M. (s.d.). *O tempo da esperança em Gabriel Marcel e Vladimir Jankélévitch*. Recuperado em dezembro 07, 2022, em http:/hdl.handle.net/10316/44307

Bergson, H. (2006). *Duração e simultaneidade*. Martins Fontes.

Bergson, H. (2005). *Cartas, conferências e outros escritos*. Nova Cultura.

Brandão, J. S. (2004). *Mitologia grega* (v. 1). Vozes.

Carneiro, M. C. (2004). Considerações sobre a ideia de tempo em Santo Agostinho, Hume e Kant. *Interface: Comunic. Saúde, Educ., 8* (15): 221-232.

Carvalho, D. B. (2007). Nietzsche e a aceitação trágica da vida. *Existência e Arte. Universidade Federal de São João Del-Rei* (3): 1-9.

Coveney, P. E., & Highfield, R. (1993). *A flecha do tempo*. Siciliano.

Davies, P. O. (1999). *Enigma do tempo: A revolução iniciada por Einstein*. Ediouro.

Dawkins, R. (1998). *Desvendando o arco-íris: Ciência, ilusão e encantamento*. Companhia das Letras.

Deleuze, G. (1985). *Nietzsche*. Edições 70.

Dumont, J.P. (2004). *Elementos de História da Filosofia Antiga*. Trad. Georgete M. Rodrigues. Ed. UnB.

Eicher, D. L. (1969). *Tempo geológico*. Edgar Blucher.

Eliade, M. (1994). *Mito e realidade* (4. ed.). Perspectivas.

Elias, N. (1998). *Sobre o tempo*. Jorge Zahar.

Gadamer, E. (1978). L'experiénce interieur du temps et léchec de la refléxion dans la pensée occidental. In P. Ricoeur (Org.), *Le temps et les philosophies*. Unesco.

Guyau, J. M. (2020). *A gênese da ideia de tempo e outros escritos*. Martins Fontes.

Hawking, S. W. (2015). *Uma breve história do tempo*. Tradução Cássio Arantes Leite Intrinseca.

Heidegger, M. (1986). *Ser e tempo*. Vozes.

Izquierdo, I. (2011). *Memória* (2. ed.). Artmed.

Marcel, G. (1968). Être et avoir. Aubier.

Marques, V. B. (2017). *O tempo na metafísica de Vladimir Jankélévitch.* [Tese de doutorado, Universidade de Lisboa].

Martins, A. F. P. (1998). *O ensino do conceito de tempo: Contribuições históricas e epistemológicas* [Dissertação de mestrado, Universidade de São Paulo].

Mayr, E. (2004). *Biologia, ciência única: Reflexões sobre a autonomia de uma disciplina científica*. Companhia das Letras.

Nietzsche, F. (2016). *Assim falava Zaratustra. Livro para toda gente e para ninguém.* Tradução José Mendes de Souza. Nova Fronteira.

Nietzsche (2011). *Escritos sobre educação*. Tradução de Noéli C. M. Sobrinho. Rio de Janeiro, Ed. Loyola.

Nietzsche, F (1995). *La naissance de la tragédie*. Paris. Gallemard.

Nietzsche, F. (1881). *Aurora*. Tradução Antonio Carlos Braga. Ed Escala.

O'hara, K., Morris, R., Shadbolt, N., Hitch, G. J., Hall, W., & Beagrif, N. (2006). Memories for life: a review of the science and technology. *Journal of the Royal Society, 3*(8): 351-365.

Pietre, B. (1994). *Filosofia e ciência do tempo*. Edusc.

Pomian, K. (1993). *Tempo e temporalidade* (Enciclopédia Einaudi, v. 29). Imprensa Nacional; Casa da Moeda.

Prigogine, I., & Stengers, I. (1992). *Entre o tempo e a eternidade.* Companhia das Letras.

Prigogine. I. (1996). *O fim das certezas: Tempo, caos e as leis da natureza.* Tradução Roberto Leal Ferreira, São Paulo, Ed. Universidade Estadual Paulista.

Puente, F. R. (2012). *Ensaios sobre o tempo na filosofia antiga*. Annablume; Universidade de Coimbra.

Reis, J. C. (1994). *Tempo, história e evasão*. Papirus.

Rod, W. (2004). *O caminho da Filosofia*. Tradução Ivo Martinazzo, vols. 1 e 2. Ed. UnB.

Rovelli, C. (2007). *A ordem do tempo*. Objetiva.

Rovelli, C. (2014). *A realidade não é o que parece:* A estrutura elementar das coisas. Objetiva.

Rubira, L. E. X. (2008). *Nietzsche: Do eterno retorno à transvalorização de todos os valores* [Tese de doutorado, USP].

Sagan, C. (1977). *Os dragões do éden*. Círculo do Livro.

Salgado-Laboureau, M. L. (2001). *História ecológica da Terra*. Edgar Blucher.

Santo Agostinho (2001). Confissões. Tradução de J. Oliveira Santos e A. Ambrósio de Pina. Petrópolis, Ed, Vozes.

Santo Agostinho (1990). *A cidade de Deus: contra os pagãos (livros XI-XXII)*. Tradução de Oscar Paes Leme. Petrópolis: Vozes.

Savater, F. (2015). *A aventura do pensamento: Um passeio pela história da filosofia e pelos grandes nomes do pensamento ocidental*. L&PM.

Schöpke, R. (2009). *Matéria em movimento: A ilusão do tempo e o eterno retorno*. Martins Fontes.

Steiner, J. (2006). A origem do universo e do homem. *Estudos Avançados, 20*(58). 232 - 248.

Vernant, J. P. (2000). *O universo, os deuses, os homens*. Companhia das Letras.

Whitrow, G. J. (2005). *O que é tempo?* Uma visão clássica sobre a natureza do tempo. Tradução de Maria Ignez D. Estrada. Zahar.

Wrangham, R. (2009). *Pegando fogo:* Por que cozinhar nos tornou humanos. Zahar.